中国轻工业"十三五"规划教材

"互联网＋"新形态立体化教学资源特色教材

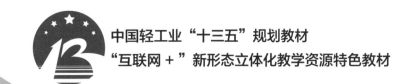

Architecture Model Design

建筑模型设计

（第二版）

U0397009

郁有西　韩　超　刘木森　编著

中国轻工业出版社

图书在版编目（CIP）数据

建筑模型设计 / 郁有西，韩超，刘木森编著. —2
版. —北京：中国轻工业出版社，2020.12
　　ISBN 978-7-5184-3183-0

　　Ⅰ . ①建… Ⅱ . ①郁… ②韩… ③刘… Ⅲ . ①模型
（建筑）– 设计 – 高等学校 – 教材　Ⅳ . ①TU205

　　中国版本图书馆CIP数据核字（2020）第173524号

策划编辑：徐　琪　　　　　责任终审：李建华　　整体设计：锋尚设计
责任编辑：李　红　徐　琪　责任校对：朱燕春　　责任监印：张　可

出版发行：中国轻工业出版社（北京东长安街6号，邮编：100740）

印　　刷：艺堂印刷（天津）有限公司

经　　销：各地新华书店

版　　次：2020年12月第2版第1次印刷

开　　本：889×1194　1/16　印张：7.75

字　　数：150千字

书　　号：ISBN 978-7-5184-3183-0　定价：48.00元

邮购电话：010-65241695

发行电话：010-85119835　传真：85113293

网　　址：http://www.chlip.com.cn

Email：club@chlip.com.cn

如发现图书残缺请与我社邮购联系调换

181528J1X201ZBW

再版说明

《建筑模型设计》（第二版）以设计过程为主线，对模型的设计方法和原理进行解析，重点突出设计过程模型这个知识点。该教材不只是为了指导如何正确地制作模型，而是引导如何将模型作为设计的一个工具来使用，训练学生的模型思维能力。在注重学术性、创新性和实践性的基础上，力求在知识点和可操作性上有突破。

本教材编者从实践应用的角度引导学生认知、熟识模型设计制作原理，了解、掌握模型工艺，架构合理的模型思维体系。主要内容包括：模型的概念及类型、模型设计制作的构成要素，分别从设计过程中的阶段模型类型入手，具体分析了各类模型特点及制作工艺流程；本次再版，重点扩充了数制模型设计制作程序与方法以及模型新技术的应用，各章节增加了当今先进的模型设计案例。每一章节增加了本章知识重点与关键词阐释，配备了PPT课件及重点案例制作视频内容，强化了模型制作的形象化认识与系统掌握。并通过课前准备、教学安排、思考题等内容来提升教与学的现代化要求。在设计教学过程中依据本学科的特殊性，训练培养学生"造物选材，巧适工艺"的模型思维，并着重加强对学生动手能力和创新能力的锻炼。

前言

PREFACE

在艺术设计教学过程中，模型设计制作是一门培养学生空间想象能力和表现能力的专业基础课程。模型是设计过程，是师生进行方案讨论、体形分析、细部推敲的重要手段。模型表现的每一个步骤都使我们更接近完美的设计。现代艺术教育对模型的重视，突破了传统二维表现手段的局限性，使艺术设计在方法论的意义上有了根本性的进步。

模型在建筑工程的实践中是对设计方案构思作最后确定性的表达，在设计竞赛或投标当中得到广泛应用。随着设计行业的竞争日趋激烈，具有三维直观视觉特点的模型逐渐成为建筑师与业主之间进行交流的重要手段。将模型赋予逼真的色彩和材料，模拟真实的环境氛围，为建筑设计提供了最有力的表现方法。同样，房地产业的发展，也越来越吸引了开发商利用模型来实施营销策略，效果极佳。

近几年，在模型材料的开发和制作工艺方面有了长足的进步。随着建筑业的发展，设计表现手段的不断更新，模型制作也由传统作坊式的手工操作，转向工业化的生产过程。随着数字化、参数化技术的应用和发展，实体模型的制作变得更快捷、更美好、更精确。

本书由郁有西、韩超、刘木森、刘伟组织编写。在教学讲义的基础上，参考了大量的国内外专著，结合相关院校的模型教学经验，几经修改编写而成。本书共分为六章，第一章由郁有西、刘木森编写；第二章、第三章、第四章、第六章由郁有西、韩超编写；第五章由刘伟编写。在撰写中，力求从这一学科教育的学术性、实用性和普及性等方面进行讲述，努力做到深入浅出，通俗易懂，使广大的读者和学生能从模型的基础理论和基本方法入手，提高其设计的水平。

本书的部分图片由齐鲁工业大学艺术学院、山东工艺美术学院、山东建筑工程学院设计学院环境专业的学生制作提供。在本书的编写过程中，得到了山东工艺美术学院郭去尘教授、邵正民教授的大力支持和帮助，在此表示由衷的感谢。

本书参考了国内外大量的优秀模型设计作品，并引用了一些专家与学者成熟的模型设计理论，其中大部分已经在书后列出了参考文献，但由于篇幅及时间所限，可能会有所遗漏，在此谨向这些文献、图片出处的单位及作者深表谢意。

由于时间仓促，再加上自己对模型教学的研究和学习尚有不足，在编写中难免有不妥和局限性，还请各位同行前辈和广大读者不吝教正，在此深表谢意。

编 者

于济南

目录

● CONTENTS

第一章

模型概述

>> **章节导读：** 模型是设计过程，是建筑与环境设计立体表现的语言（图 1-1）。作为立体形态的建筑模型，它和建筑实体是一种准确的缩比关系，诸如体量组合、方向性、量感、轮廓形状、空间序列等在模型上也同样得到体现（图 1-2）。因此，当设计师在完善方案构思的过程中，首先要在模型上推敲各种形式要素的对比关系，如：反复、渐变、微差、对位等联系关系，节奏和韵律、静与动的力感平衡关系，等差等比逻辑关系。只有符合这些形式美基本规律，建筑与环境模型的设计表现才能够更准确、更精美、更快捷。

建筑环境模型作为建筑学的一个分支正在迅速发展，必将成为研讨城市规划、空间环境设计、建筑设计构思的最佳思维和表现形式。建筑模型的设计与表现也将随着数字化技术的飞速发展，成为具有工艺与设计美学双重内涵的一门新兴学科。

>> **关 键 词：** 模型、建筑模型

>> **重 要 性：** ★★☆☆☆

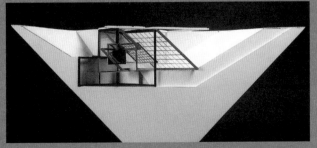

图1-1　艾森曼建筑概念模型
彼得·艾森曼（Peter Eisenman），美国建筑师。因其碎片式建筑语汇而同各式建筑师一起被打上解构主义的标签。其建筑学的理论追求解放及自律性，并与欧洲知识分子有着牢固的文化关系。

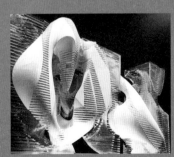

图1-2　建筑模型

在设计实践中，设计师需要具备几种技能：直接在三维中将设计形象化的能力；制作模型的能力；徒手和尺规作图与计算机绘图的能力。现代设计越来越向着错综复杂的多维空间发展，新技术、新材料与新观念的结合，构成了前所未有的设计艺术新思潮。于是，摆在设计师面前的新课题就是怎样全方位地把自己的设计意图表达出来（图1-3）。

图形思维和模型思维是创造性设计的两种基本思维模式。在设计过程中，主要体现在草图和模型这两种常用的表现形式中。通过草图和模型，设计的过程被记录下来。草图是一种媒介，设计师可以通过它来思考、研讨、发展方案构思。虽然草图会因方案的深入而被不断地修改，但它是在一个二维抽象的空间层面上，以图解的元素将构思方案表现出来的设计表达方式。一种建筑语言仅仅通过图纸是不容易被接受的。反之，一种直观的能展现空间的设计模型，尤其是设计过程中的概念模型和扩展模型，是建筑设计实践中伴随草图不可或缺的重要表现手段。

扩展模型可满足草图的变动和多样性的需求，可将设计构思具体转化，对理解方案非常直观，在概念发展的每一个阶段，它对设计思维的拓展、设计方法的变换都起着积极的作用，设计过程中的每一个模型都是为了深化解决功能和形式的关系问题，使每一个步骤更接近完美的设计（图1-4）。

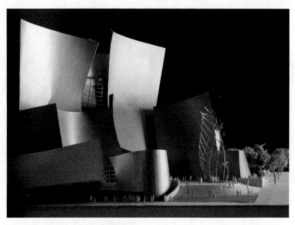

图1-3　盖里工作室建筑模型
弗兰克·盖里（Frank Owen Gehry），当代著名解构主义建筑师，以设计具有奇特不规则曲线造型与雕塑般外观的建筑而著称，其设计风格源自于晚期现代主义。

图1-4　彼得·布朗建筑设计概念模型
彼得·布朗（Peter Brown），美国著名建筑设计师。

第一节　模型

一、模型概念

模型的相近之意在我国古代谓之"法"，有"制而效之"的意思。公元前121年成书的《说文解字》注曰："以木为法曰模，以竹为之曰范，以土为型，引申之为典型"。在营造构筑之前，利用直观的模型来权衡尺度、审曲度势，虽盈尺而尽其制。这是我国史书上最早出现的模型概念。

在工程学上，模型是根据实物、设计图、设想，按比例、生态或其他特征而制成的缩样小品，具有展览、绘画、摄影、实验、测绘等用途，常用木材、石膏、混凝土、金属、塑料等加工材料。

建筑模型是用于城市规划、城市设计、建筑设计思想的一种形象艺术语言，是采用便于加工而又能展示建筑质感并能烘托环境气氛的材料，按照设计构思、设计图，以适当的比例制成的缩样小品。

模型的概念，由于其应用领域的不同，有着不同的定义和解释，归结起来，可分为概念模型和实物模型两类。前者如物理模型、数学模型等，属于抽象或理论研究的范畴；后者如建筑模型、产品模型、展示模型等，属于实体模型的范畴，是设计的一种手段或对某种实物进行足尺或缩放比例的模仿制作。实体模型超越了平面、立面、剖面、轴侧图、透视图，乃至全息动画等所能达到的效果，成为一种三维直观的"对空间的视觉表达"。

图1-5 出土的陶制建筑模型

二、模型简史

模型最初被作为供奉神灵的祭品放置在墓室中。我国最早的建筑模型是汉代的陶楼，作为一种"明器"，以土坯烧制而成，外观模仿木构楼阁，十分精美。它只是作为祭祀随葬之用，与鼎、案、炉、镜之类没有太大的差别。但是，随着时间的流逝，它逐渐成为工匠们表达设计思想的一种手段和方法（图1-5）。

唐代以后，仍有明器存在。此时建筑设计与施工形成了规范。在官方主导的建设营造部门中，掌握设计与施工的专业技术人员称之为"都料"。他们在建造大型工程前，除了要绘制地盘图、界画之外，还要根据图纸制作模型。这种营造体制一直延续到今天。

清代时期，从事建筑设计施工的雷氏家族一直为皇家建造服务。家族中的几代人任样式房"长班"，历时200年，留传下来的建筑模型颇多，历史上称为"样式雷"烫样。

烫样即是建筑模型的古代称呼。它是由木条、纸张、秫秸等最简单的材料加工而成，包括亭台楼阁、庭院山石、树木花草、水池画舫以及室内家具陈设等几乎所有的建筑构件。这些不同的建筑细节

图1-6 烫样模型

按比例制作，根据设想而布局。烫样既可以自由拆卸，也可以灵活组装，使建筑布局和空间形态一目了然（图1-6）。

据史料记载，在古希腊和古罗马时代，西方建筑模型便出现在文学作品中，人们公认最早的建筑模型是希罗多德（Herodotus）在其作品中描述的达尔斐神庙（Delphi Temple）模型。古希腊人或更早的古埃及人在修建庙宇或陵墓的时候，完全按照宗教的要求而非美学的要求。像大金字塔、帕提农神庙以及其他古代纪念性建筑物都是按照技术的要求设计和建造的。当今多数考古学家和历史学家一致认为，早期的工匠不是直接按照模型来建造房子的。由于技术层面的原因，古希腊设计师一般不可能按照小比例模型来工作，在大体量的结构中，使用模型来参照会导致建筑的不准确性。

随着大量使用重复的建筑构件来进行建筑空间造型，追求造型的精确度就显得尤为重要了。像柱头这样细部较多的建筑构件，最好的办法，是预先做好足尺的原型，利用这些实物模型，工匠们再用

两脚规直接从原型上量度尺寸并得到复制的重复性构件。这种方法一直持续到中世纪，并且在建筑空间与造型的发展中也广泛应用。建筑师用示意性的木制小比例模型来与委托商交流设计意图。到哥特时代末期，出现了被认为是用于研究设计效果的建筑局部模型，一种作为设计工具的纸样模型出现了，被用来表示拱肋的形式，中世纪设计师就是通过调整纸样模型来模拟预想的空间结构。

文艺复兴时期设计师们用来追求建筑造型多样化的唯一途径就是利用试验性的设计模型，有时还要用上实际的建筑材料。所以，最早的建筑模型出现在14世纪中期，并且与建立在广泛设计过程中的建筑理念有内在联系。制作较大的木制、石膏或陶土的预制构件作为发展建筑构思的途径，与中世纪纯粹为了结构实验不同，这是一种被广泛采用的方法，利用精确的模型剖面、可拆装的屋顶或楼板来研究设计对象，在模拟光照和规划室内空间布局时即可作为辅助设计的手段。

文艺复兴以前的模型多用于设计提案之用，在15世纪文艺复兴初期，模型又被赋予了新的内涵。

那时，建筑师作为独一无二的建筑设计创作者和管理者的观念得以迅速发展。模型被广泛应用在大项目建筑作品中，如菲力波·布鲁乃列斯基的佛罗伦萨大教堂穹顶模型；米开朗琪罗（Michelangelo）的圣保罗大教堂穹顶模型。米开朗琪罗的罗马圣彼得大教堂穹顶的设计程序也是从黏土模型、平面图及剖面草图开始着手的，从开始的想法到最终制成一个的巨型木制模型耗时约2年，目的是借助它来确定最终的造型。因此，模型以高超的工艺技巧，通过细部、结构和造型的刻画清晰地展示出建筑建成的样子（图1-7）。模型成为项目设计实施中的一个焦点，尽管比实际尺寸小，但通过它一目了然的视觉表现形式，委托商就可以通过按比例微缩的模型评价设计方案的优缺点。此后，实体模型就成为建筑师与他人交流和丰富建筑造型的有效方法了，并最终成为推敲设计方案的必要工具。

16世纪，建筑师已经完全利用工程制图法在三维空间中进行创作了，模型也开始承担不同的角色。勃朗德尔在*Cours de，architecture*一书中列举了三种类型的模型：第一种是整体建筑的小比

图1-7　利物浦罗马天主大教堂模型

例模型，它的作用是与委托商交流。由于其比例上的局限性，要作为设计辅助工具必须扩大比例，于是引出另外两种类型：一种是足尺建筑构件模型，对重要的重复性的建筑构件进行预测，以确保其完美性；而另一种就是直接安装在实际建筑的试验模型。后者是一种足尺的装饰细部模型，如柱式、雕塑等，安装在建筑中正确的位置上以检验其效果，这就体现了一个与小比例模型有关的视觉问题，通过模型很容易发现设计对象哪些地方还不够完美。

18世纪中叶，模型教学得以迅速发展。因此，模型可被进一步地用来指导学生模拟更复杂的结构和建筑环境工程，职业建筑工人也能接受此类的教育。18世纪的建筑模型材料多为木头、灰膏、卡纸和滑石粉。滑石粉是从生石膏中提炼出来的，而不是通常说的巴黎灰膏，它之所以被选用是由于它能完美地模仿石材的特点。在19世纪早期，逐渐出现了采用纸板和软木材料制作模型。1919年，沃尔特·格罗皮乌斯（Walter Gropius）建立了包豪斯（Bauhaus），并且开设了许多课程，以期恢复中世纪存在于设计师与工匠之间的"失去的和谐"。尽管教学中包括平面几何及绘图技法，但拉什洛·莫霍莱·纳吉（Laszlo Moholy Nagy）——一位对动态光线有特殊偏好的构成主义艺术家，还是鼓励他的学生采用他称之为"空间调节器"的简单的局部透明模型作为设计工具。这是为了给学生提供一个将概念和实际联系

起来的机会，避免了单纯采用图纸画图而产生结构上的一些缺憾。

20世纪初期，模型提升了自己作为重要设计工具的地位。在无数建成或未建成的现代主义经典作品的诞生中，模型起到了至关重要的作用。如天才设计师安东·高迪（Anto Gaudi），他独到的设计方法就像他的建筑造型那样新奇。他的圣塔·科拉马（Santa Coloma）教堂设计与巴塞罗那设计不仅包含绘图技巧，而且与工程师爱德华·格茨和雕塑家贝尔特兰（Bertran）合作制成了一系列复杂的钢筋和帆布模型。他很少画建筑图，而是专门依靠模型进行空间造型，这种方法不但不会约束创造力，反而提高了表现复杂空间的能力。高迪把握空间的能力得益于他过去的工作经历以及对模型及材料的感觉。

对各个时期建筑大师个性形成的经历和设计方法的研究表明：概念的形成过程是建立在一个对空间的各种表现形式的理解的基础上，而不是单一的依靠绘图。埃罗·沙里宁描述他自己造型的过程就如同米开朗琪罗那样，在画图之前先利用黏土模型推敲所要表达的空间造型。沙里宁解释说他的纽约市肯尼迪国际机场候机楼造型的千变万化，仅在图纸上是不能表现出来的。在遇到复杂的造型时，图示语言的表现形式显得非常烦琐。有时透视图法显得很无奈，制作模型是解决此类问题的最佳方法。

第二节　模型的基本类型

设计表现与设计过程的多样性、复杂性，造成了模型表现在不同的阶段所起的作用及表现的方式、类型上的差异。根据不同的类型，运用不同的制作方法，表现出不同的空间环境气氛。各种模型的分类均是为了便于实际运用与理解（图1-8）。

常见的模型类型主要有以下几种：

从设计过程的角度分：概要模型、扩展模型、终结模型等。

从用途的角度分：研究模型、工作模型、设计模型、施工模型、展示模型、投标模型、科学实验模型等。

从内容的角度分：城市模型、园林模型、室内

图1-8　盖里建筑设计模型

模型、家具模型、车船模型、桥梁模型等。

从时代的角度分：古建模型、现代建筑模型、未来建筑模型等。

从制作工艺的角度分：电脑制作模型（CAM）、手工制作模型、机械制作模型等。

从材料的角度分：石膏模型、黏土模型、塑胶模型、木质模型、纸质模型、复合材料模型等。

模型表现既反映设计的阶段性，也体现了不同的传达交流对象：一类是设计结果的表现，其交流的对象主要是委托商和公众；一类是设计过程的表现，是产生与交流设计思想的一种手段，其交流的对象主要是业内人士。

模型的设计表现涉及多种方法，各种术语会在不同的领域经常互换。我们试图按照模型在设计过程中不同阶段所起的作用来进行分类讨论，目的是加强模型表现与设计的内在联系，即模型是设计的方法和过程。因此，在这些重重叠叠的模型类群中，我们主要讨论以下三种基本类型：设计类模型，表现类模型，特殊类模型。

一、设计类模型

模型是设计过程的一部分，是建筑与环境设计实践的一种手段。设计类模型与设计进展的水平和阶段有关，他们随时表达出设计上的可变动性。模型思维是设计师工作的一种方式，在设计过程中，所有讨论到的概念模型、扩展模型等被称之为研究模型、工作模型。它们的目的是通过模型思维产生设计的思想，同时，作为进一步研究探索的阶段，无论这些模型的形态如何，这些不同术语的设计模型，意味着设计思想总是在进一步的发展与完善。

设计模型的发展一般分为三个阶段，而这三个阶段和设计的三个过程相吻合：

阶段1：草案　概念草图　概念模型

阶段2：设计　方案设计　扩展模型

阶段3：执行　实作平面图　终结模型

1. 概念模型

概念模型是一种立体化草图，指的是当设计构思还处在比较朦胧的状态时所形成的三维表现形式。人们利用模型的这种基本表现形式，可以随时随地讨论设计方案，如餐桌上的调料瓶或餐具可用来快速模拟具体的设计构想，这就是所谓的概念模型。

在建筑设计与环境中，概括性的模型伴随着模型设计思维的形成与发展，设计师可以直接在三维空间中展开设计，模型在这里尽管是小比例的，但设计概念是经过再三推敲而成型并逐步完善的，这种过程自始至终都充满着选择的余地，设计师如果只局限于二维图纸上，就不会有如此多的选择性。

通常，概念模型都是快速地制成，用于激发灵感。经常采用简单的方法和易于加工的材料快速形成（图1-9）。它还具备快速修改的特点，设计对象使用的材料也被象征性地表现出来，检讨建筑构思各个组成部分之间的关系。所以，从概念模型中能提炼出最基本的设计灵感，捕捉最重要的第一感觉，在产生设计思维的过程中是一个不可多得的法宝。

概念模型作为研究模型、过程模型，体现出极强的概括性、示意性、随意性的特征。因此，概念模型只具粗略的大致形态，大概的长、宽、高和凹凸关系；它可以协助设计师空间地、运动地观察并处理设计对象，感受大的体量、尺度，以此论证由概念衍生出的多种可能性（图1-10）。制作时侧重整体形态和空间体量关系，不拘细节，比例要求也不高，没有过多细部的装饰、线条、色彩。一般而言，概念模型是针对某一个设计构思而展开进行的，所以，在此过程中通常制作出多种形态各异的模型，作为相互的比较、研讨和评估之用。

由于概念模型的作用和性质，在选择材料时一般选用易加工成型的材料，如黏土、油土、石膏、发泡塑料、模型纸材等。

体块模型、结构模型是概念模型的两种主要表现形式。

（1）体块模型

"体块"是模型中最基本却又最抽象的单元。大小只是相对的，形状也只是一种区别，一切抽象的构思通过模块渐渐变得清晰、明朗，并可触摸。在建立起一个模块系统后，它就提供了一个让其他制作手段与内容介入和操作的平台（图1-11、图1-12）。

体块模型是建筑造型设计与形体组合的设计模型，以单体的加减和群体的拼接为设计手段，推敲发展设计方案，是建筑整个形体组合的过程模型，仅采用有限的色彩，用概括的手法刻画出外部形

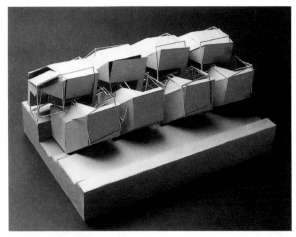

图1-9 艾森曼建筑设计模型

图1-10 盖里建筑设计模型

图1-11 规划设计体块模型

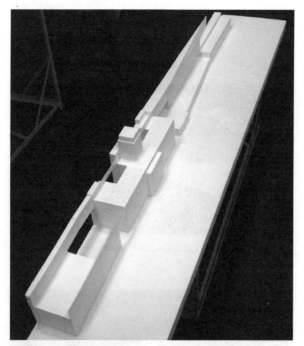

图1-12　建筑外观体块模型

图1-14　建筑内部结构模型

图1-13　建筑构造模型

图1-15　建筑单体扩展模型

体。这种简化的形式深受广大设计师的钟爱。它通常采用单一的色彩和材料制成，几乎没有任何表面的细部处理，只抽象出纯粹的形象。把它和场地模型组合在一起共同发挥作用，构成三维空间的幻想图，用来研究与周围环境的相互关系以及人们在其中活动的范围（图1-13）。

（2）结构模型

结构模型的作用是作为三维的实体工作图，经常表现为自然的骨架而不进行外表的装饰。将其暴露出来是为了试验，用来分析表明结构、构造、支撑系统和装配形式。在整个设计过程中，由于地形条件和构成方式的不同，结构模型用各种比例同时表现（图1-14）。

2. 扩展模型

通过概念模型的延伸、筛选，否定了一些不成熟、不合理的方案构思，一个新的设计形式确定下来。由此，模型进入第二阶段，这就是设计模型环节的扩展模型。

扩展模型的使用意味着设计者已经做出了一些初步的决策，并且下一个阶段的探索正在实施中（图1-15）。它意味着全部的造型相对保持固定，是在建造终结模型之前实施探索的中间阶段。这一阶段包括对替代性研究对象处理方法的观察，改进比例，或者设计替代性元素等几方面。比起前面的概念模型，扩展模型在尺寸、比例上明显精准了，在某些场合，也被认为是终结模型。但主要的区别是，扩展模型在本质上是设计对象联系的抽象描写，同时它们仍然可以进行修改和完善（图1-16）。此外，它们没有详细加工到能够反映材料厚度和工艺等方面的程度。在许多情况下，进一步的探索之后，设计对象可能以一个扩展模型来结束（图1-17）。

扩展模型是设计类模型中最重要、最充满刺激

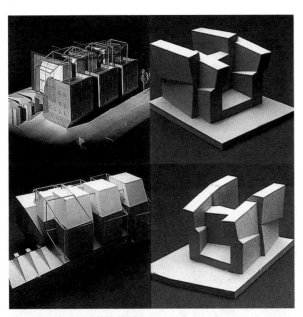

图1-16 建筑设计扩展模型

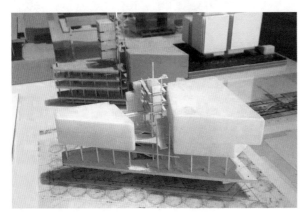

图1-17 扩展模型

的一种形式。它是从概念模型中发展并被制造出来的。最初的目的是为了验证建筑与环境造型能否确定，还是需要继续完善。它所探寻的是建筑概念的精髓，即建筑与环境造型的体量关系方面、空间功能与形态方面、外观结构与细部处理方面是否符合人与空间环境等要求，从而提出修正意见。所以自然要产生千变万化的外形，并且这样做也是为了寻求建筑设计的创新性。

扩展模型可剔除方案过程中的不确定因素，把建筑构思的精髓高度提炼出来，同时利于改造型体、空间绿化布置及地块细部处理，也利于对复杂的空间关系的理解，以及对空间序列、尺度的完整概念的深化。建筑设计是一项反复提炼的思维活动，扩展模型不但是建筑方案最直接的表现手段，更是建筑师之间交流的一种语言，同时更可启发设计师无尽的创意，即设计过程中的"模型思维"。对建筑设计过程本身来说，模型思维比表现模型具有更强的生命力。

扩展模型也称工作模型。

3. 终结模型

终结模型作为设计过程中的一个阶段，是描述一个完整设计的模型，并且在制作时很注重精巧的工艺，这个术语可以和展示模型互换。

终结模型的主要目的是进一步证实设计决策以及与客户交流。

终结模型较多使用单一颜色材料制作，常使用白色或者浅色材料，比如泡沫芯或者博物馆用板材、轻质木材等，因为此类材料可以使阴影线、空间和平面被光线清楚地连接起来。这些抽象的处理方法可使得设计模型按照各种方式去观察理解。

无论是概念模型阶段、扩展模型阶段还是最后的终结模型阶段，都是模型作为设计表现的一种手段。这三个模型阶段之间既有区别，又互相联系，分开描述的主要目的是强调模型在设计过程中的不同作用，以便更好地为方案设计服务。

二、表现类模型

表现类模型是把所有建筑设计细节都完美无缺地表现出来，再配以周围环境，将自身完整地表现出来的模型。不要与设计探索模型混淆，它是把建筑作为一个整体以微缩的形式一目了然地展现出来。表现模型代表建筑设计已大功告成了。它最初目的是为了商业策略的运作与实施，而不是仅仅为了设计决策。比起其他类型的模型，表现类模型不易修改，它注重的是外观和环境的展示，通常作为最终售楼（房）的展示模型（图1-18）。

细部表现的不断深化是使设计类模型向表现类模型过渡的关键，表现类模型也称为标准模型、终结模型、展示模型。

表现类模型的设计制作不同于设计类模型：它是以设计方案的总图、平面图、立面图为依据，按比例微缩得十分准确，其材料的选择、色彩的搭配也要根据原方案的设计构思，进行适当的处理。表现模型是在扩展模型和方案完成后所使用的模型，它较前述模型对建筑物有更细致的刻画，对设计者的思想有着完整的表达，从设计过程上也称它为终结模型。终结模型是对景观空间状况、绿化和现存的以及被设计出来的对象具体、明确的说明。

近年来，随着设计市场的开放和活跃，出现了设计过程民主化和设计投标公开化的趋势。设计方与受众之间的交流与沟通，须克服传达的障碍才能实现。模型表现无疑要比图纸和文字的表达更直观、更完整；另一方面，参与标书制定和方案评定的人员和设计人员会聚一起时，他们之间都能够通过模型作为中间媒介较快地达成统一。面对讨论与争论时，甲方（业主）能摆脱对大量图纸的束缚，直接俯视建筑物的未来形象，从而在模型中领悟到设计者的构思意图，并提出自己的建议和决策。

表现类模型在制作过程中最重要的是对准确性的把握；常常直接对设计对象作细致入微的刻画与表现，给设计者以直观的印象，并为日后检讨施工提供可见的实体。这类模型因设计者忙于方案扩充或施工图绘制，很少可以挤出时间亲自制作模型，因此模型制作工作通常委托专业模型公司完成（图1-19）。

图1-18 彼得·布朗建筑设计表现模型

图1-19 表现类模型

展示模型作为表现类模型的一种类型，是以此为基础，按照各方面的修改意见综合成的终结模型，它通常是一个完美的、小比例的建筑复制品。展示模型可以在建筑竣工前根据施工图制作，也可以在工程完工后按实际建筑物去制作。对于材质、装饰、形式和外貌的精度和深度要准确无误地表现出来。这类模型主要用于教学陈列、商业性陈列、设计竞赛或参加展览，如宣传城市建设业绩、房地产售楼展示之用等。

展示模型做工精巧，用材设色特别考究，装饰性、形象性、真实性、艺术感染力强烈。模型制作一般以图样为依据，但在局部也可作适当的夸张调整，以求得更好的视觉效果。

展示模型按制作内容分为单体展示模型（图1-20）、室内展示模型（图1-21）和规划展示模型（图1-22）三种。此类模型的设计制作一般由专业模型公司制作完成。

三、特殊模型

特殊模型是表现特殊功能、特殊用途并用特殊材料制成的一类模型。

特殊模型按其形式分为动态和静态两种。动态模型要表现出设计对象的运动，显示它的合理性和规律性，如船闸模型、地铁模型等；静态模型只是表现出各部件间的空间相互关系，使图纸上难以表达的内容趋于直观，如厂矿模型、化工管道模型、码头与道桥模型等（图1-23至图1-25）。

在动态模型中，其运动部件是要表现的主要部分，建筑只是辅助部分；而在建筑模型中的一些运动的电梯是辅以表现建筑的，两者之间有着本质的区别。无论动态模型还是静态模型，大部分要配以灯光表现，底盘电路也是主要制作工作之一，发光体可选用发光二极管、满天星及灯管。制作时要注意它们的散热，以免影响其他部分。

图1-20 住宅小区展示模型

图1-21 建筑室内展示模型

图1-22 建筑规划展示模型

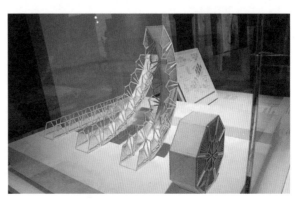

图1-23 桥梁结构展示模型

图1-24 工业建筑模型

图1-25 工业模型

1. 照明模型

照明模型是室内模型表现的一种特殊类型。用它来测试对光线要求较高的建筑，如博物馆、展览馆等。为了更准确地帮助预测室内的光环境气氛，照明模型要有精致的细部表现、色彩表现及表面效果（图1-26）。

2. 足尺模型

足尺模型是将设计方案直接制成实际尺寸的样子，包括1∶1的建筑构件、足尺的房间和建筑局部等（图1-27）。实大尺寸模型常在作施工图之前用于研究和推敲建筑上的重要部位。当建筑局部按实际材料搭起的时候，1∶1尺寸模型与真实建筑之间微妙的界限是很难划分的。这种工作在平时少见，只有遇到大型项目时才制成一个局部的实际样本作为试验的用途，如研究光学、声学及耐火性能等问题。

图1-26 照明模型

3. 风洞模型

风洞模型是用来研究由于风压造成的建筑外壳形变以及结构受力的模型。为使试验器中的环流形式清晰可见，常采用烟雾作为气源。除了用于研究气压产生的外形的负压以外，风洞模型还用于研究内部的气流和空调系统的效果。

图1-27 足尺建筑构件模型

第三节 地形学模型与建筑主体模型

建筑模型设计实践中要讨论的最主要内容是地形学模型、建筑主体模型。地形学模型里包含着基地、景观和花园模型；建筑主体的模型则分为城市规划、建筑物、构造模型、内部空间和细节模型。

一、地形学模型

地形学模型所表现的是一个现已形成的地形（图1-28）。此外，还有对城市空间中游乐场、绿化场地、公园的表现。地形学模型表现了交通、绿化、水平面等，如地面的街道、铺砌、篱笆围墙的设置；还有按比例制作的元素，如城市建筑、车辆、人群等。这些模型依照各种比例，从表现范围大的比例到表现细节的比例，是按1：2500～1：500制作而成。相对于地形学模型强调按比例对环境以及已存在物体进行描述，而被称作是建筑物草图的景观模型、花园模型则首先对环境的空间品质做描述。通常，我们以大比例制作花园模型，对绿化或地表进行描述，铺设的材质清晰可见。由此可知，在设计制作的阶段中，基地模型在地形学模型里是不可缺的。地形学模型总是首先被制成可以被变更的研究模型，它们是设计发展的基础。

现从设计过程发展的三个阶段来具体描述地形学模型的内容。

1. 地形模型

地形模型表现出地形的基本情况，也就是建筑敷地的形式和因新的规划造成的改变，包括建筑、交通绿化、水面以及断层面等，又称之为基地等高线模型（图1-29）。

这个阶段的概念模型就如同一块"底板"来接纳将要描述的建筑对象。一般来说，基地等高线是通过黏接片层材料装配而成的，如软木皮、泡沫板、胶合板以及各种纤维板和有机玻璃等材料。地形模型在设计过程初期制成，建造基地等高线模型可以研究地形学和一座建筑物与场地的关系（图1-30）。

在整个概念草图的制作阶段，最重要的则是让基地的形式能够轻易地被改变。

扩展模型在概念模型的基础上进一步对描述的对象作详细的表现。对现存基地形式的可能性按比例地描绘说明，例如，交通、绿化和水平面，甚至是引人注目的树木或树丛的描绘。这个模型可以继续被深入作为终结模型，但必须是具备工作模型意义的地形模型。

终结模型是对地形学、道路指示、交通、绿化和水平面最终的描述。

2. 景观模型

景观模型是建筑场所背景模型的一种表现形

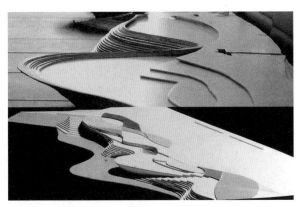

图1-28 地形概念草拟模型

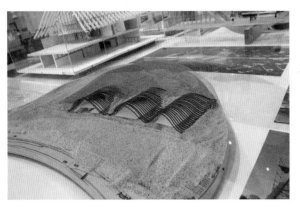

图1-29 地形设计模型

（a）

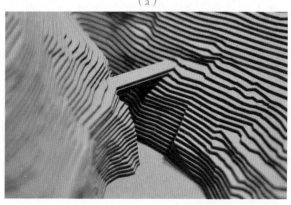

（b）

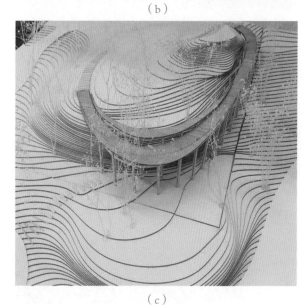

（c）

图1-30　等高线地形模型

式，表现出交通、绿化和水平面、树木、树丛、森林平面，而建筑主体群则以简单的形式呈现。从地形模型衍生出来的景观模型比例有1∶500、1∶1000、1∶2500以及例外的1∶5000。景观模型的重点是阐明景观空间和与此相关的地表模型，还有对其特点的表现，如树木、树丛、断层面及风景里特定的建筑物、塔楼眺望的景色、堤坝和耸立的桅杆等（图1-31）。

景观模型的概念阶段是在地形模型的基础上，以简单的模型技术、模型材质进行表现。场地的模型设计制作必须是可以持久不变形的。

扩展模型阶段是对空间形式、空间关联性和空间大小可变动的陈述。

3. 花园模型

花园模型通常被认为是景观模型的一部分，比例上有1∶500、1∶200、1∶100和1∶50（图1-32）。这样的模型与较小的住宅区或个人建筑甚至是城市的内部空间有关，描述的对象有步道、训练小径、游戏草地、运动广场、露营、帐篷、沐浴广场、水上运动设施和小花园设施，描述的重点则是地表的调制和塑造，绿化、道路和小广场的制作，还有相伴的镶嵌、篱笆和墙的表面，在此制作的比例元素有人群、家具、交通工具、照明物体等（图1-33）。

花园模型的概念阶段，重点描述地形模型和地面的塑造，道路只和空间设计有关，我们可以用简单的材质来表现，用以研究空间关系、视野关系和可能的表现景点。

扩展模型则是精确地描述与园艺艺术的关系，如交通、绿化和水面的表面的处理，建筑主体的细节描述和空间想象，模型仍然是可以改变的；建筑主体和个别物体，如喷泉、纪念碑等，是模型的装饰物，是可移动拆除的；新植物的方位仍是可选择的（图1-34、图1-35）。

终结模型表现在环境中的想象以及和基地的关联，对建筑主体细节有更详细地描述。终结模型是不可变更的，且呈现出设计图最后的状况。

（a）

（b）

（c）

图1-31 景观模型

图1-32 花园模型

图1-33 河畔公园设计模型

图1-34　花园设计模型

图1-35　公园设计模型

二、建筑主体模型

建筑主体模型主要被分为城市规划模型、建筑物模型、构造模型、内视模型和细节模型。

建筑主体展现了现已存在的建设状况，除了现存的建筑体外，还需要表现出交通、绿化的状况，这些在某种意义上似乎是为了建筑主体的外部开发而做出的让步。模型的表现可视不同的重点而定，在表现过程中，可整体地把握形式、功能、构造这三个方面的描述及它们之间的联系。

1. 城市规划模型

城市规划模型是以地形模型为基础来制作的。一方面，城市建筑的模型被当作是概况、位置计划的模型，比例为1：1000～1：500；另一方面则是详细地描述一个部分，比例一般为1：500～1：200。在城市塑造的范围中，例如广场、道路空间、行人通道，城市建筑模型也需要较

大的比例，如1：100～1：50。在概观模型和大范围研究时，可应用较小的比例，如1：1000，甚至1：2500。

城市规划概念模型的任务是通过强调建筑比例、建筑比例的分配和分类以及城市空间的组成给我们以第一印象。可在以地形模型为基础的条件下，用易变形的材质、成品和游戏材质在模型的空间和功能上来做尝试（图1-36）。

扩展模型是可以变动再设计的部分。

终结模型以表现模型或展览模型的形式出现，精确地呈现建筑和背景核心，建筑主体在最后整合。

2. 建筑物模型

建筑物模型通常以1：500或1：200的比例被制作成城市建筑中地形学模型的附加模型。建筑物

（a）

（b）

（c）

图1-36　城市规划设计模型

（a）

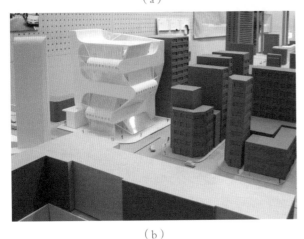

（b）

图1-37 建筑设计模型

模型主要表现出以外观划分元素的屋顶平面、建筑主体的塑造以及和地形的关联性，部分以透明的方式表现出来，好让空间的视野尽可能最佳。屋顶或外观平面可以被拆解，这样就能够展现内部的空间构造。最后是楼层能够被拆卸。这样，开闭的诠释和内部空间的划分都趋于极致（图1-37、图1-38）。

建筑物的概念模型以简单的方式和易被改变的材质呈现造型和空间的描述，即由形式、大小、方位、位置、明暗、颜色和表面的对比来阐明。其主要的特征是建筑中的组成的易变性。

建筑物在扩展模型中，通常是研究细节不同的设计图之间空间造型的关系。使用精心挑选的材质和精确的制作，有时扩展模型完全可以被当作终结模型使用。

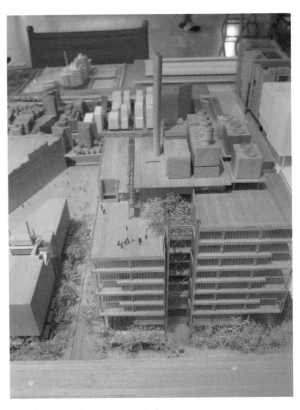

（a）

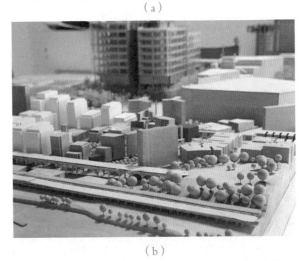

（b）

图1-38 伦佐·皮亚诺建筑设计模型（哥伦比亚大学曼哈顿校区）
伦佐·皮亚诺（Renzo Piano），意大利当代著名建筑师，1998年第二十届普利兹克奖得主。皮亚诺注重建筑艺术、技术以及建筑与周围环境的结合，其建筑思想严谨而抒情，具有活跃的散点式思维。作品广泛体现着各种技术、材料和思维方式的碰撞。

终结模型表现最后的建筑设计，主要是为了展览目的而制作，除了呈现出对地形边缘条件精确的描述外，还有与此合为一体的建筑主体、城市建筑的前后关系和同比例的参照物（如汽车、人群等）。

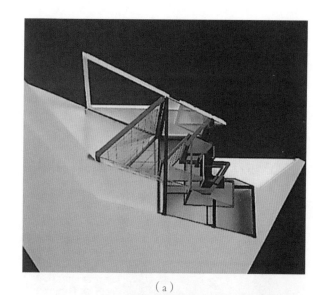

（a）

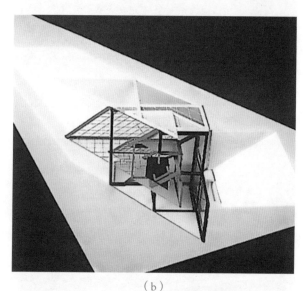

（b）

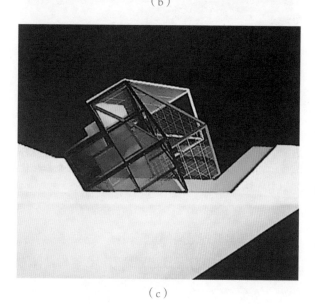

（c）

图1-39　艾森曼建筑设计构造模型

3. 构造模型

构造模型是让模型的结构开放，表现重点不在建筑的外貌，这些构造能够表现功能或结构。它解决了功能上的开闭和结构上的空间问题。专业工程师较了解的模型通常以地形模型或建筑模型为基础，因为一个合适地形的前后关系直接影响着设计的构造。它们经常以1∶200或1∶50的比例被制成。

构造概念模型首先呈现出对个别结构所做的具体的针对性思考，通常是结构接连性和功能分配的细节表现。它经常在设计草图一开始的阶段，阐明复杂的空间概念（图1-39）。

扩展模型虽然基本上是用以表现决定的设计构思，但在这里通常要大体展现出最后的状况。在扩展模型里，细节问题会被继续研究。

终结模型是准确描述构造的模型，为了展览和交流的目的而被制作出来。

4. 内视模型

内视模型用来研究室内的建筑空间以及空间秩序。通过展开建筑物并"走入"空间之中，在三维状态下观察它，可以产生许多设计思路。为了观察内部的方便，模型应保持敞开。屋顶可以被去除，以便观察模型的内部，侧面也可以去掉以获得水平视角（图1-40）。

图1-40　建筑室内内视模型

　　内视模型是为了展示并解决空间上的、功能上的和视觉上的问题而制作的。

　　这类模型一旦按大比例制作，比如1∶20或1∶10，它就承担了令人兴奋的特殊角色，也就是说它变成了局部剖切模型，就像剖面图的作用那样，剖开的部分形成一个剖切构架，且经常制成浅色，其内部空间便一目了然地展现出来。这种模型在比例上和剖切处都经过精心选择，内部的墙面也经过装饰。当在正常视角观察它时，人的视线被吸引到其内部空间景观而不是一个笼统的空间框架，使人们有一种身临其境的感觉。

　　内视概念模型的制作是为了以尽可能简单的方式思考空间的状况。再就是使用可直接被支配的材质，这种材质通常只能够描述布景装配方面的空间关系。

　　内视扩展模型依据概念构思设计图具体实现并修整空间状况。扩展模型在这个工作阶段中已被确定，然而对于材质、家具、装饰、光线、视野的设计依然是可变动的。

　　内视终结模型是为了呈现最终的设计结果而制作的。依据这样的模型，一般的家具陈设将由设计师和空间使用者共同讨论。

5. 细节模型

　　设计模型环节的结构细节模型，主要用来帮助显现空间框架和结构体系。梁的确切位置、负荷的传递以及其他技术性考虑均可以通过这种模型而确定。当我们建造大比例模型的时候，细节模型可以用来研究复杂连接的细节设计。这种模型，也可以用来研究创新性的结构设计，比如桥、桁架等，它将细节传达给设计者，对负载特征进行测试。

　　细节模型是为了解决主要结构和形式而被制作

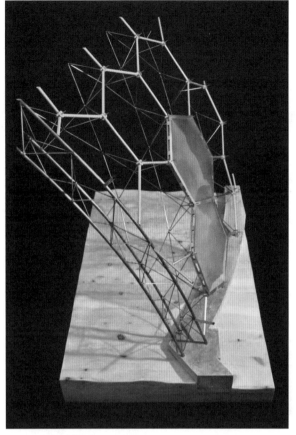

图1-41　细节模型

的。除此之外，在细节模型中还涉及颜色、形式以及材质的研究。细节模型的主要范围涵盖结构的交点和连接方式、空间关系和外观局部、装饰物和摆设等（图1-41）。

　　模型在设计过程中采用的比例、材料、细节和结果的表现程序都是千差万别的，有的被用于建筑构思的产生，有的则被用于细节和结构的研究和推敲。设计过程也就是借助上述各类模型最终形成设计定案。简而言之，建筑设计的过程可以用不同类别的模型来阐明，模型在设计活动进行的过程中相当于催化剂的作用。

🄿 本章思考题

1. 简述模型的发展过程。
2. 模型表现的作用和意义是什么？
3. 概述概念模型、扩展模型、终结模型之间的关系。
4. 研究地形学模型的意义是什么？

第二章

建筑模型设计的构成要素

» 章节导读：建筑模型设计制作，需要具备一定的艺术和美学修养，同时需要对模型制作
的工艺、材料、色彩有敏锐的感受力和控制力（图2-1）。因此，它是一
项艺术性、技术性、创新性的设计与制作工程，其构成要素涉及功能、用途、
形态、比例、色彩、材料、结构、工艺、设备、经济等，也是影响模型设计
制作水准的重要因素。这些要素通常可概括为三类：功用类、技术类、美学类。

» 关 键 词：方案、比例、形态

» 重 要 性：★★☆☆☆

图2-1 反映建筑与地形关系的设计模型

第一节　功能构成要素

模型是设计师将方案构思综合美学、工艺学、人机工程学等学科知识，凭借对各种材料的把握，创造出具有比例、尺度、色彩、肌理等合理性的三维空间形体，并以一定的加工手段使设计具象化的过程（图2-2）。

模型创作的实质是设计的过程，是产生、推敲、交流设计思想的信息载体与手段。因此，模型的功用因素是模型设计制作的根据和出发点。

一、方案设计

无论是手绘的方案草图，还是电脑绘制的效果图，都不可能全面反映出建筑与环境的真实面貌。因为它们都是以二维的平面形式来反映三维的立体空间。模型在设计的过程中，提供给设计师想象、创作的空间，具有立体的形态、真实的色彩及可度量的尺度表现，与设计过程中二维平面形态的描绘相比，无论从哪个层面，都能够提供更准确、更直观的感受。建筑模型的设计制作还要充分考虑不同使用对象的具体要求，不同性质和用途的模型有着不同的使用功能。对于规划师来说，建筑模型将其规划意图全部宏观地展示出米，规划范围内空间关系一览无余；对于建筑师来说，建筑模型是发展、完善其设计思想的最佳方式，将抽象的思维表示为空间方案，为设计更加丰富、合理、适用的空间提供了便于深化创造的模拟形象；对于学生来说，建筑模型是解释其苦思冥想难于想象的空间关系。可以轻松愉悦地理解书本与图纸间难于认知的空间形象思维的问题（图2-3）。

二、方案实施与展示

建筑模型以多维立体的形态、翔实的尺寸和比例、真实的色彩和材质，对设计构想从视觉、触觉上进行了充分表现，准确地反映、表现了建筑与环境的关系。同时，模型能将设计图准确地传达给工程师和其他专业人员，能很好地向他们展示设计方的意图，使建筑单位、审查单位等有关方面对建筑造型和周边环境的综合效果有比较真实的感受。使施工单位和工程单位人员形象地了解建筑与环境的造型关系，弥补了图纸设计中表达不完善的部分，更有利于施工。

建筑与环境模型运用多种现代技术、材料及先进的加工工艺，以特有的微缩形象，逼真地表现出都市、小区、建筑物、环境和室内的立体空间效果，从而加强了设计方与受众彼此之间对建筑与环境的理解。模型还是建筑开发商销售的一种手段（图2-4）。

图2-2　建筑设计表现模型

图2-3　建筑设计扩展模型（瑞士伯尔尼博物馆）

图2-4　住宅区展示模型

第二节　技术构成要素

一、比例

　　一件成功的模型作品离不开准确的尺寸与恰当比例。

　　比例是图纸、实物、模型三者间相对应的线性尺寸之比，即长度之比。比例的选用是根据图纸的用途、被描绘对象的复杂程度和模型的大小而定。物体的尺寸越大，选用的比值越小。目测比例主要靠观察与比较来进行训练，放缩比例可以根据比值来计算。如设计图纸与实物比例为1：200，模型制作比例与实物比例要求为1：100，二者间的比值即为2（200÷100），计算时可用设计图纸上的线性尺寸乘以比值，即得模型的放大尺寸。又如设计图纸与实物比例为1：100，模型制作与实物比例要求为1：250，这二者间的比值即为2.5（250÷100），计算时可用设计图纸上的线性尺寸除以比值，即得模型缩小尺寸值（图2-5）。

　　模型比例是指模型表现对象和模型这两个同类尺度数的相互比较。模型尺度数是模型表现对象尺度数的倍数关系，模型可以按照各种比例尺建造。我们可以根据以下各种因素确定合适的比例。

1. 工程规模

　　模型的大小取决于实际建筑物的大小或是场地的大小，另外，还要考虑可以利用的工作空间的大小。

2. 研究类型

　　模型的大小和比例尺取决于正在进行研究对象的类型，比如：概念、扩展、展示、内部或是细节。

3. 细节处理的程度和水平

　　模型的比例尺取决于表现对象需要进行细节处理的程度和水平。增加模型比例尺的一个首要原因是要表现更多的细节。一个按比例增加的模型，如果没有足够细节表现，就会表现得不精彩。因此，

图2-5　模型中建筑物与周边环境的比例关系

在较小的模型上运用想象力构想精彩的细节比起建造没有足够细节的大模型更有说服力，也更实际。

4. 分配的比例尺

在某些实际的制作过程中，若通过保持组件之间的相对比例，可以在不使用实际比例尺的情况下，开始建造模型。在模型建造之后，可以给模型赋予一个比例尺。在小的概念研究模型上，这种技术很有用。在这种情况下，人的模型可以被制成与建筑物模型成恰当比例的大小，它是设计者判断建筑物实际大小的参照物。

由于模型的比例涉及面积、精度、经济等综合要素，很难对其提出统一的要求。一般说，区域性的都市模型，宜用1：1000～1：3000的比例；群体性的小区模型，宜用1：250～1：750的比例；单体性的大建筑模型，宜用1：100～1：200的比例；别墅性的小建筑模型，宜用1：5～1：75的比例；室内性的剖面内构模型，宜用1：20～1：45的比例。

制作表现模型须有适合制作的建筑图纸。客户提供的建筑图纸往往不能直接用于制作模型，需经放缩后才能成为符合模型比例的图纸。模型制作图的放缩也可以通过应用三棱式比例尺放缩，或利用具有放大、缩小功能的复印机进行放缩。放缩时还可以将原有的建筑设计图适当简化，突出模型主体重点部分。

二、精度

精度是指模型制作的精工程度或精密程度。在表现模型及细节模型的制作中，要求所制作表现的建筑对象、周边环境的布置等表现的尺寸和细节达到准确的程度，而容许表现细节误差的大小是确定模型精度的标准。容许误差大的精度则低，容许误差小的精度则高。一般来说，比例大的模型精度要求高，比例小的模型精度要求低（图2-6）。

影响模型精度的因素主要有以下几个方面：模型的收口和棱角、模型的边缘。

（1）模型的收口和棱角

构筑建筑物各面的相交处都会形成收口和棱角。在概念上，收口和棱角是点或线，向内凹或向外凸，它在表现建筑形体关系中具有重要的作用。棱角关系在模型中处理得规整，会使人产生简洁、鲜明、利落的美感；反之，粗制滥造的收口和棱角，会使建筑变得粗笨、沉重、不完整。

（2）模型边缘的规整

建筑模型有两种边缘：一是外面呈立体状态的外

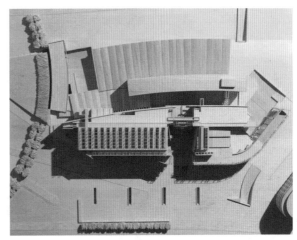

（a）

（b）

图2-6　模型的精度与细部关系

边缘；二是建筑框架结构间显示的空间内边缘。边缘线在两个面夹角较小的情况下最清楚，性格也就越鲜明。完整的边缘线具有均齐、顺达、流畅的美感，残缺的边缘线只能给人曲折、破旧、停滞的不良印象。通常在制作模型时，多数制作者只注意建筑表面的外边缘线表现，而忽视其内部骨架边缘线的处理；只注意对直线边缘线的加工，而忽视对曲线边缘线的加工。这样做势必使模型的规整性受到影响。

无论是外边缘线还是内边缘线，直线边缘线还是曲线边缘线，在模型的表现中都应该处理到位。在模型表现中对建筑、环境各种细节应该清楚、明确，而不应出现各种模糊关系。

三、工艺

"工欲善其事，必先利其器"。模型制作加工的设备和工具，是发挥工艺技巧的重要保证。先进的工艺设备是模型制作提高工作效率和质量的必要条件。

传统手工艺中的剪、刻、撕、切、锯、刨、锉、钻、编、雕、粘、焊、烫、串、扎、镶、铸、卷、插、接、折、捏、拧、绣、团、钉、拍、染、喷、绘等都是各种模型材料加工成型的技术和方法（图2-7）。

由于现代科学技术的进步，CNC（Computerized Numeric Control）雕刻已在模型制作中起到了越来越重要的作用，不仅对传统的手工艺进行了补充，而且在一些精细的零件制作中，也发挥了巨大的作用。

在模型制作过程中，设计者应合理安排制作工序，把握工艺流程，使人力、物力、时间、顺序调配合理，是提高模型制作工效和质量的重要因素。

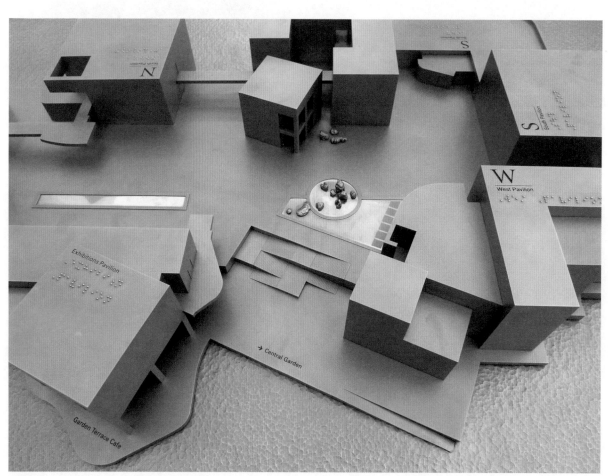

图2-7 使用金属工艺表现的盖里博物馆模型

R 学习要点

尺度与比例

　　尺度是直接测量的结果，是一个定量的概念。比例是一个相对的概念，比例是一个组件与另一个组件相比而言或大或小的属性，是一个定性的概念。这种区别并不是那么直截了当的，有时在做模型之前我们需要先进行一定的测量工作，可能需要预先制作一些模型部件，或者计算按某个比例制作出的模型尺度大小如何，通过一定的比较之后才能确定模型的比例，其结果是，大多数模型都采用一定的常规尺度来进行制作。尽管模型要比真正的建筑小很多，但同一个模型的不同部分要按照同一个比例来进行制作，从而保证彼此之间的关联性。

　　制作一个尺寸合适、满足使用需求的模型，选择适合的比例是至关重要的。模型的比例应由所需要表现和展示的内容所决定，例如，展现内部结构细节的模型需要一个相对比例较大的模型，1：20的比例较为合适；如果要展示整个场地的规划，则选择1：500这种小比例即可表现全貌。

　　有用的比例

　　实际比例1：1

　　比实际小的1：2

　　比实际大的2：1

　　缩小的比例

　　"1：2"是个典型的缩小比例，指模型尺寸相当于真实尺寸的一半。举例来说，一栋楼真实高度是5m，那么1：2的模型中它的尺寸就是2.5m，对这种1：2模型尺寸计算的公式就是5m÷2=2.5m。

　　扩大的比例

　　"2：1"是扩大比例，是指模型尺寸相当于真实尺寸的2倍。举例来说，一个结构组件的真实宽度是30cm，那么在2：1的模型中它的宽度就是60cm，对这种2：1模型尺寸的计算公式就是30cm×2=60cm。

第三节　美学构成要素

一、形态

　　模型的"形态"是其内在本质的外在表现。

　　"形态"是一种情感符号，是一种交流设计思想的语言。形式美的基础是心理视觉力的平衡感。人们的平衡感是一种审美知觉，是人类特有的高级而复杂的情感体验。"美"是人的知觉对客观形态的一种反映，也是形态语言的一个重要部分（图2-8）。人们发现："美的根源是表现于知觉与形式之间的变化中的统一"。形式美感语言是人类特有的情感语言，是形态语言的重要部分。

　　地形学模型的形态是指其客观存在的整体外部形态，不仅指外貌和形状，而且包括前后与空间。

图2-8　运用形体对比手法体现景观建筑独特形态

模型的设计制作是按照设计构思或设计图纸的要求，运用各种工具设备和制模工艺，按比例获得的任意形体，实体的模型可以使观众从模型中直接得到与建筑或环境的地块相类似的尺度感甚至精确的尺寸。我们在进行形体处理时，要围绕形态的平衡与均衡、比例与尺度、节奏与韵律、安定与轻巧、单纯与复杂等这些形式美的法则，表现出的形式才能符合美的规律（图2-9）。

模型的形态美是建筑环境设计的综合显现。它应透过模型表面反映出看不见的物体前后与空间的关系，表现建筑物与整个环境的动态、气势、个性和生动的美感，使人观后富于联想（图2-10）。

二、空间

实体模型超越了平、立、剖、透等二维图纸所能达到的效果。由面材所包围的三维空间，是可感知的有形的现象空间，空间形态有三个基本特征：空间的限定性、内外的通透性以及能让人进入内部的参与性（图2-11）。

空间作为模型中的重要元素，是和形体一起来表现的，它先于形体存在，却被形体决定了性质。通常把空间形式分为内空间、外空间、内外空间三种类型。内空间又可以分为半封闭性空间和不封闭性内空间。在这些空间中，自身的内力运动随着

图2-9 运用抽象形态表现的建筑景观模型（伦佐·皮亚诺——纽约时报大厦）

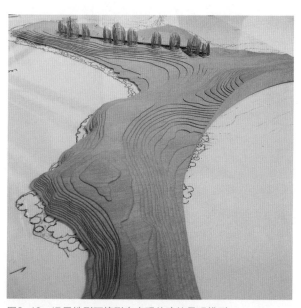

图2-10 运用地形环境形态表现的建筑景观模型

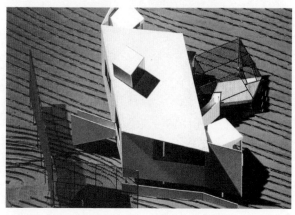

图2-11 盖里建筑模型 强调空间虚实的对比关系

"场"而不断变化，形成虚运动之势。而外空间则受到形体的制约，具有明确的视觉效果。此外，模型表现出多种空间的分割方式，如覆盖、承载、隔断、分流、围合、拥抱等，从而灵活地改变着空间的效果。另外，空间本身还可以作为一种形态来表现，通过空间力的运动变化来围合、挤压形体，在视觉上造成各种艺术效果。不同层次的模型表现，从室内到室外，从细部到整体，从单体到环境，乃至地形、地貌的制作，均是这些空间元素及空间关系的重要体现与应用（图2-12）。

　　概念的虚拟空间与模型的实际空间是设计概念与材料相结合，是用实际空间来复制虚拟的空间。当模型的体量和尺度超过了观赏者的视野，观赏者可以从不同角度、不同侧面观赏模型的细部。这时我们就能实实在在地感受到一个有重力感、触觉感建筑的存在（图2-13）。

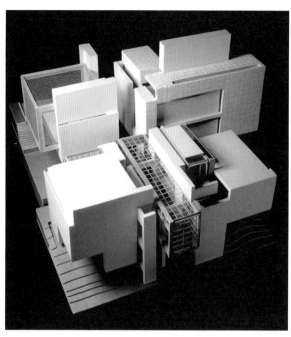

图2-12　体现建筑的空间虚实对比关系（艾森曼－HOUSE X）

三、色彩

　　模型的色彩计划与模型设计制作的成功与否有着密切的关系，它也决定着模型整体的风格（图2-14）。在客观世界中，人对色彩美的视觉反应要强于形体美，有"色彩之于形象"的说法。在模型的制作中，通过对现代涂饰工艺的了解与应用，模型可以准确地表现设计物的表面色彩及变化；还可以根据设计的要求对色彩进行抽象化、具象化的表现，使其达到某种特定的效果。但是，模型微缩后的色彩一般与真实表现对象的色彩有些差距，因此，无论其饱和度还是明度都较实际情况略低，才能达到和谐的视觉感受。因此在模型的表现中，对色彩要素的表现要注意以下几点：一是处理好建筑主体的色彩与模型底盘的色彩关系，拟定好主色、配合色；二是对模型材料的色彩进行合理搭配；三是用人工的方法对自制"零部件"进行表面处理，使之增加对比或调和效果，与模型的整体色调协调。建筑表现模型主体的色彩与建筑的性质有关，常规住宅设计为暖色调，公共建筑设计为冷色调。

图2-13　建筑框架模型所体现的空间通透与穿插关系

图2-14　花园设计模型

活泼性质偏暖色调，庄重性质为中性或偏冷色调；南方区域偏浅色调，北方区域偏深色调。

模型的整体色彩的表现要做到和谐而不花哨，简洁而不单调。建筑表现模型的色彩种类多少由它的功能决定，如果用于楼盘出售、招商、开发等需要，模型则要有丰富的色彩、热闹的街景。除非建筑本身被设计得十分丰富，一般情况下，这些氛围由成片的绿化、交通和配景形成，建筑本身应尽量归纳入一个和谐的色相之中，表现出和谐的建筑环境。如果用于投标或学术研讨，这时建筑与底盘都要选用同一种色调的色彩，要表现出高品质的建筑环境（图2-15）。

地面环境是为了突出建筑主体，在纯度上要比建筑物弱，浅色的建筑选用深色的硬地；较深的建筑有时不可以用更深颜色的地面，以避免整体的灰暗，可铺设浅色地面。

在建筑与地面间要用介于两者之间的中间明度色过渡，这些颜色用于紧贴建筑底部的构件上，如花坛、踏步等。按一般做法，道路比硬地颜色深，而这两种颜色为同一色相或相近明度，硬地的颜色应选比屋顶颜色略深的相同色，这样做可取得与主体的呼应，使整体和谐统一，且加重底盘的稳定感；如果要加强地面的层次感，可在同一明度里做色相的区分，可表现为深暖色硬地、深蓝灰色道路。

人、车等配景的颜色在大比例模型上因数量少可适当丰富，选用一些纯度高的、比较亮的颜色；在小比例模型上如数量多，颜色需减少，或选用纯度低的颜色。绿化颜色的选用在明度上要比地面高，才能使其突出地面，产生一种突出的效果。任何颜色的搭配都不是固定的，它们随建筑物的颜色，底盘的大小而变化，需要在制作过程中不断尝试并丰富（图2-16）。

现代材料市场为模型设计制作提供的材料是过去任何时代都无法比拟的。模型设计制作艺术，应充分发挥现代材料的质感之美，综合应用各种材料的特性，不断提升模型设计制作的艺术品质。

现代光学的迅猛发展，光导纤维、光学动感画、频闪蛇管灯、发光二极管、霓虹灯等新型电光源在模型中的应用，使模型的色彩更富有表现力，色光所产生的动势、声音和音乐般的节奏，使模型色彩的情感更为丰富。灯光模型是借助光线的作用，增加视觉上的观赏层次，充分表现建筑物室内外空间的融会贯通，并营造出整体的环境气氛，如夜景、晚霞等，更有一种亦幻亦真的效果（图2-17）。

图2-15 模型色彩功能区分设计

图2-16 艾森曼－MONTE PASCHI BANK COMPETITION

图2-17　北京CBD规划模型灯光设计

P 本章思考题

1. 简述模型的构成要素。

2. 如何分配模型的比例尺？

3. 模型的色彩计划如何实施？

第三章
建筑模型的材料与设备

》章节导读：材料与设备是模型设计制作的物质基础。模型因其性质及阶段的不同，所使用的材料及制作工艺也有差异，因表现手段的差异所要求的材料属性是不相同的。因此，选择符合条件的材料及加工工艺来制作模型是必要的。

》关 键 词：材料、工艺

》重 要 性：★★★☆☆

第一节 材料

模型的发展史，从某种意义上讲，是一部材料的发展史。模型设计与表现的物质基础是对各类模型材料的理解与应用。

对于建筑模型的设计制作来说，可以应用各种各样的材料来制作基本的构件或配景。这取决于草图设计所处的阶段和设计的主要概念及所表现的设计等级。材料本身的效果以及加工处理的技术是模型设计制作须考虑的要点。一个模型制作者应该尽可能地收集材料，并且要持续不断地开发、补充它们，收集的材料应该是完全来自不同领域的物品，它们往往会带给模型意想不到的效果。

在模型的制作中，常用的材料可以概括为以下几类。

一、纸材

纸质材料是目前在模型设计制作中广泛使用的一种材料。尤其在设计教学过程中是一种非常受欢迎的常规用材。纸材常运用在概念模型及扩展模型中，经过适当的加工也可用于制作展示模型或终结模型。与其他材料相比较，纸材不需要特殊设备及工具，在桌面上即可迅速作业，可利用各种纸类加工工具对纸材进行切割、镂空、粘贴、折叠、卷折等。它们还拥有品种繁多、物美价廉、容易变化和塑形等优点。常用的纸材有480g美卡、卡纸、瓦楞纸、包装纸板等。最理想的是一种日本产的泡沫夹心纸板，这是一种专业性制作模型或展示用的纸板，价格较贵，国内很少使用。但是纸模型在形状及细节的表现方面也有其局限性，如黏土模型容易做出 Rs等三次曲面，纸材就比较困难。

在制作纸质模型时必须先考虑材料的以下特性：

规格：纸张的大小基本上是以正度（787mm×1092mm）或大度（850mm×1168mm）为基准，以对折的方式可以衍生较小的规格尺寸。

纸纹：纸纹是在生产过程中，细小的纸纤维因

图3-1 各种定量的黑卡纸

在机器中运送的方向不同而形成的，因为纸张在造纸机的输送方向比起横的（相反的）方向会显得较硬且不易弯曲；平行于输送方向的折痕，纸张就会比较平滑，而如果垂直于输送方向则在折叠时纸板表面有时会裂开，这种情况尤其会发生在较厚的纸张上。

平方克重：纸张是以其每平方米的克重来分类的，薄的速写纸是$25g/m^2$，打字机用的纸是$80g/m^2$，书籍印刷所使用的纸则是$70\sim130g/m^2$。超过$180g/m^2$，则称之为卡纸（图3-1）。纸质材料的发展日新月异，模型制作者须不断地熟悉和了解这些纸的特性。

1. 卡纸（cardstock）

卡纸是一种极易加工的材料。目前市场上的纸张种类很多，给卡纸模型的制作带来很大的方便。除了直接使用市场上各类质感和色彩的纸张外，还可以对卡纸的表面作喷绘处理，以便使模型的色彩和质感更符合建筑师的要求，一般使用厚度为1.5mm的卡纸板做平面的内骨架，预留出外墙的厚度，然后，把用作玻璃的材料粘贴在骨架的表面，最后，才将预先刻好窗洞并做好色彩质感的外墙粘贴上去。有时，也可能直接使用1.5mm的厚卡纸完成全部的制作，这是一种单纯白色或灰色的模型，为设计师们所喜欢（图3-2）。

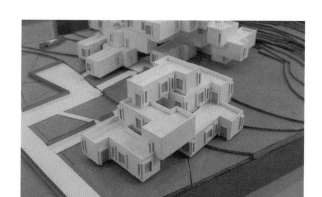

图3-2　卡纸模型

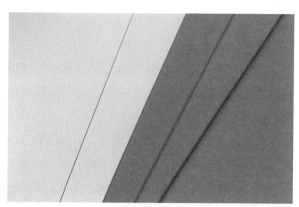

图3-3　厚纸板

图3-4　不同种类的瓦楞纸

图3-5　瓦楞纸材质的建筑模型

2. 厚纸板

厚纸板在颜色及厚度上区别于白色的卡纸。灰色厚纸板是因为含有曾被印刷过的旧纸浆，而棕色厚纸板则是因为含有被煮过的木纤维。最常用的是灰色厚纸板，因为它坚硬且有韧性，所以比较适合制作地形模型。它也是制作概念模型与扩展模型的理想材料（图3-3）。

它的标准规格是70cm×100cm，另外还有75cm×100cm和较小的式样，选用厚纸板时应依据它的厚度，从0.5mm到4.0mm的品种不等。厚度为1.05mm或2.5mm的机制木板是广泛被使用的规格。

建筑模型制作常用厚纸板，通常的规格可以分为厚度1mm或2mm的白色纸板、厚度4mm的灰色糙纸板。厚纸板柔韧性适中，因为具有较好的刚性和恰当的厚度关系，通常在制作过程中充当建筑体的外墙、地面以及中间的支撑体。

3. 瓦楞纸板、波纹纸板（corrugated、cardboard）

瓦楞纸板的波浪纹是用平滑的纸张黏合在一面或两面，有不同的质地和尺寸规格，这种瓦楞纸有可卷曲或较硬挺的特性，它也有多层的较厚的平板，所以对于制作地形模型而言，瓦楞纸是一种理想的材料，它质量轻，质感逼真，只是若负荷过量它会被压扁。瓦楞纸的波浪纹越小越细，就越坚固。另外，瓦楞纸和纸箱板常常混淆，因为它们具有相似的波纹面和中空结构的特性（图3-4、图3-5）。

瓦楞纸制作模型
粘合过程

瓦楞纸切割及
激光雕刻机加工
过程

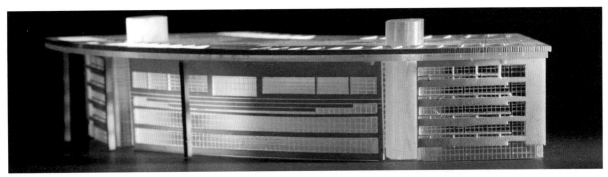

图3-6 塑料板材制作的建筑单体模型

4. 博物馆板（Museum board）

博物馆板也被称为斯特拉斯摩尔板，是由白色棉纤维制成的无酸板。它在一个方向上很容易弯曲，但在另一个方向上由于纸张纤维的纹理而不易弯曲。它是一种昂贵的材料，表面光洁，可以轻松地用X-Acto刀切割，使用白胶黏接。博物馆板的厚度有2层、4层、5层和6层多种规格，颜色各异。

二、塑料

塑料是以天然树脂或人造合成树脂为主要成分，并适当加入填料、增塑剂、稳定剂、润滑剂、色料等添加剂，在一定温度和压力下塑制成型的一类高分子材料。

塑料板作为模型制作中广泛使用的一种材料，性能优良，质轻，电绝缘性、耐腐蚀性好，加工成型方便，具有装饰性和现代质感，而且塑料板材的品种繁多，物美价廉。"以塑代钢""以塑代木"，使塑料迅速成为与钢铁、有色金属、无机非金属材料同等重要的基础材料（图3-6）。

模型制作常用的塑料板材有以下几个类型：

1. ABS塑料

ABS塑料是苯乙烯、丁二烯丙烯腈的共聚物，具有强度高、质轻、表面硬度大、光洁平滑、质地美、易清洁、尺寸稳定、抗蠕变性好等优点。ABS塑料通过现代技术的改进，增强了耐温、耐寒、耐候和阻燃的性能，机加工性优良。

在模型设计制作中，ABS塑料主要有板材、管材及棒材三种类型，板材常用于建筑与环境模型主体结构材料。模型制作常用板材大小规格为1200mm×2400mm以及1200mm×1200mm，厚度为10～200mm。模型制作常用棒材长度大小规格为50mm，直径为10～200mm（图3-7）。

2. 亚克力（PMMA）

亚克力，即丙烯酸树脂，又叫PMMA或有机玻璃（Polymethyl Methacrylate），源自英文Acrylic（丙烯酸塑料），化学名称为聚甲基丙烯酸甲酯，是一种质轻、刚性的合成材料，有片材、块材和棒（管）材可选。亚克力种类多样，分为透明、半透明、不透明、有色、无色、镜面等类型。亚克力可使用金属或木材加工工具加工，易于使用溶剂或胶剂黏结，可热弯或压力成型，不随湿度变化而翘曲。由于没有颗粒，不需要大量的锉削和整理，是表现玻璃的理想材料（图3-8）。

图3-7 不同肌理的ABS板墙面

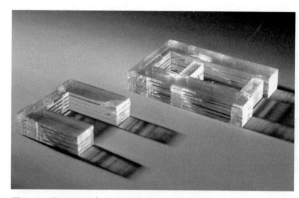
图3-8　用透明亚克力制作的建筑概念模型

3. 聚苯乙烯（PS）

聚苯乙烯板是在聚苯乙烯泡沫板的两面贴上优质白纸制成的材料（图3-9、图3-10）。可用刀片切割或将白纸剥离，也可用砂纸及锉刀将板面曲折，表面处理可用喷漆或平刷涂料也可贴上其他纸类，或将美术字转印等，依加工修饰的程度可成为终结模型。

尺　　寸：B1开（800mm×1100mm）

　　　　　　B2开（350mm×800mm）

　　　　　　B3开（400mm×550mm）

厚　　度：1~7mm

加工精度：>0.5mm

平　　面：非常容易加工

二次曲面：较容易加工

三次曲面：有制作的可能性但必须配

　　　　　　其他材料

圆　　面：从大到小皆可

球　　面：依模型而定

涂　　装：水彩、丙烯等皆可

4. 发泡塑料

发泡塑料是使用物理的方法如加热发泡，或利用化学的方法，使塑料颗粒膨胀发泡而形成的一种泡沫材料。常用的泡沫材料主要有发泡PS（聚苯乙烯）和发泡PU（聚氨基甲酸酯）两种，使用这类材料制作模型，易于切割，速度快，适合制作概念模型。

（1）发泡聚苯乙烯

发泡聚苯乙烯俗称保丽龙，其表面是由大小不同、凹凸不平的白色不透明颗粒组成，常见的材料形式多为板材。在制作具有曲面造型、要求线型细致、断面较复杂的模型时，将会造成模型表面的不平整，对于表面平整光滑的小型曲面，使用此种材料不容易发挥出效果。但由于质地很轻，易刻画，搬运方便，成本又低廉，这种材料仍然被广泛地运用在较大型产品的模型制作中。目前市面上供应的材料，大多为板材或块材两种，有各种规格可供选择，一般裁切成块状进行销售（图3-11）。

（2）挤压聚苯乙烯

挤压聚苯乙烯是一种比膨胀聚苯乙烯更紧凑均匀的泡沫塑料，有较精细的表面，其结构也更强一些。挤压聚苯乙烯是按防水隔热材料来开发的。

图3-9　聚苯乙烯发泡板

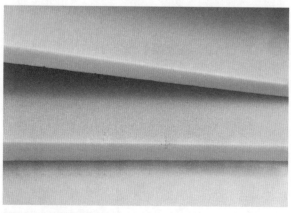
图3-10　聚苯乙烯板材

在模型制作中应选择高密度的泡沫塑料（最少在30kg/m³），密度低于此值的很容易像面包屑那样粉碎。

（3）聚氨酯

聚氨酯是一种热固性树脂，其化学性质与聚苯乙烯的性质有很大的差别（图3-12）。聚氨酯较适用于精密的制作，不易变形，但更易碎裂，弹性也稍差。应该选用高密度的聚氨酯材料（大约40kg/m³）。但这种材料在加工中会产生刺激性的尘屑，因此在使用这种材料制作模型时应戴上口罩。聚氨酯有多孔的表面，也应在上色前做前期处理。

在模型制作中，这种材料可以用作景观基地或填充物，可用电热丝切割机或数控铣床加工。黏合时要用不含有机溶剂的黏合剂，大面积黏合时可使用木工胶水或者STY胶水这类乙烯乙酸酯类黏合剂。

（4）发泡PU

发泡PU有软质与硬质之分，是利用树脂与发泡剂混合在容器中发生化学反应挤压而成，为热固性材料，可分为软质发泡和硬质发泡两大类。软质发泡PU主要用来制作软垫、海绵等产品。硬质发泡PU具有坚实的发泡结构，密度为0.02～0.80g/cm³，具有良好的加工性，不变形、不收缩，轻耐热（90～180℃），是理想的模型制作材料，也可作为隔热、隔音的建筑材料。发泡PU又称为钢性泡沫塑料。采用聚甲基丙烯酸制成的发泡PU材料，是泡沫塑料中质量最好、最贵的材料。这种材料强硬、紧凑、均匀，有相当大的强度，有相当光滑的表面，加工容易。虽然价格较贵，对要求精度极高的模型制作来讲，仍是很好的选择。

发泡PU被用来切割出一个立体或平面，常应用于城市规划的领域中，以用做概念模型、扩展模型中特别的模型材料使用。发泡PU能很快且容易地用刀或热金属丝（热锯）切割；精巧的手工则用粗齿锉、锉刀或砂纸切割。另外，在高温时加工也会产生令人难受的烟尘。在粘贴此种材料时，必须使用特殊的胶黏剂，使用前最好在先做黏合测试（图3-13）。

图3-11 发泡聚苯乙烯板

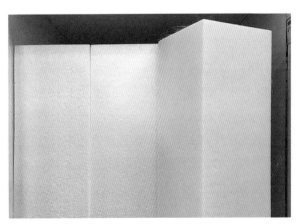

图3-12 聚氨酯泡沫砖

图3-13 使用发泡PU塑料块制作的城市规划概念模型

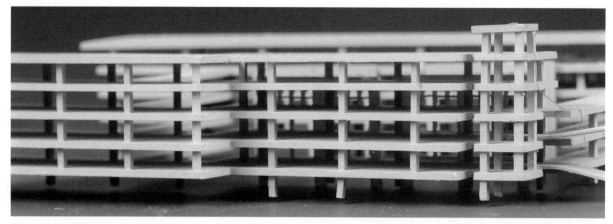

图3-14　PVC板制作的建筑单体模型

5. 聚氯乙烯

聚氯乙烯也被称为PVC，它是一种乙烯基的聚合物质，是当今世界上使用最为广泛的廉价塑料材料，是制作建筑模型的首选材料，主要有片材、管材、线材。

建筑模型中常用的PVC材料包括硬质板材、软质板材、线材、管材、成品材料等，其中硬质PVC板材使用最多，整张规格为1200mm×2400mm，厚度为2~10mm，平板的颜色主要有白色、黑色两种，PVC板可以用于建筑模型的墙体围合或者基地模型。线材与管材常用于模型中的支撑构件，如栏杆、横梁、柱子等。成品材料包括人物、树木、车辆等配景，在应用时可以根据需要涂装色彩。

透光PVC胶片是一种硬质超薄材料，其用途与亚克力相仿，适合做建筑模型的透光材料，加工切割方便（图3-14）。

三、金属

铁丝、金属薄板、金属网格和型材是建筑模型制造中常用的材料（图3-15、图3-16）。它用于支撑结构、钢结构、建筑物外观、栏杆的扶手或是其他金属构造。如底板可用铝制成，地板、墙壁、屋顶、交通和水域部分可用不同的金属薄板做成，模型主体可以由许多着色的金属块组合而成。

图3-15　金属面材——金属网

图3-16　金属面材——铁板

图3-17 金属材质的规划设计体块模型

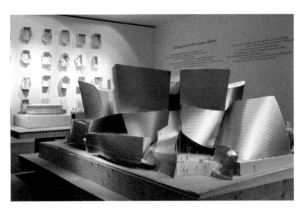

图3-18 建筑内部结构模型

金属模型制作中特殊的工具是必要的。制作高锐度、没有任何缺口的金属模型，精确的角规和工作台是很重要的。在弯曲和切割时我们需要合适的钳子或剪刀，在锯、钻孔、车削、铣磨或弯曲时必须有护目镜等防护措施。

在制作金属网格、支柱或是整个支撑结构时，重要的程序是低温焊接。

金属黏合使用专用黏合剂，一般是环氧树脂成分，分装在两个软管内。另外也有速干类型的黏合产品。

金属模型的扩展和展示阶段的设计制作有必要委托专门的部门来实现。另外，生活中一些金属废弃物也是模型制作的理想材料（图3-17、图3-18）。

制作建筑模型常用的几种金属材料：

1. 不锈钢

不锈钢是一种由铬和镍混合而成的钢合金，它非常坚固，并且非常耐腐蚀，不生锈。在模型构建中，它适用于暴露在潮湿环境下的区域，并能与通用胶水很好地结合。不锈钢可以通过化学蚀刻来制作精细的模型部件。

2. 黄铜

黄铜是铜和锌的合金，其颜色由合金中不同组成成分的比例决定，通常情况下为金色。黄铜可抛光、可焊接，也可以用胶粘剂进行粘接（图3-19）。

3. 铝

铝质轻且柔软，其表面呈淡淡的银色，耐腐蚀，厚度和尺寸的种类丰富，易于制作模型。可以用胶粘剂进行粘接。

制作模型时除了使用金属片以外，还有平板、网、带孔板等各种形态，厚度和大小的种类也很多（图3-20）。最常见的就是金属丝网或者细长的金属条。金属条的属性和应用方式均与金属片相似，只不过形态不同而已。金属丝网是一种常见的模型材料，它能够随意变形，可以制作复杂的有机建筑

图3-19 黄铜合金板材

图3-20　较小规格尺寸的金属材料

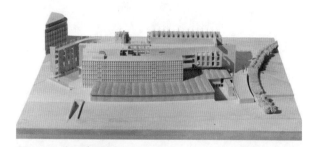

图3-21　木质建筑模型

形态。在金属丝表面覆膜或加上覆层，能够形成新的模型材料。

四、木材

木材是国内外模型设计师常用的制作材料，它可以用来制作色彩单纯、质感朴素及价值很高的模型，表现力极强。这是因为木材有着坚固、质感好、尺寸稳定的特性，并且能被很好地加工处理。由于手工制作的要求很高，因此，一件真正好的木制表现模型，价格十分昂贵（图3-21）。

图3-22　实木表现模型

1. 实木

实木有着天然的色泽和纹理，有较硬的树木结构。年轮、木纹和断面擦痕纹等有时会误导模型的比例，通常木头建筑主体会进行表面处理，就这点而言，颜色较明亮的木头种类会比深色的好（图3-22）。

对于加工而言，木材的硬度和纤维的方向起着重要的作用。西印度轻木能用刀子切开，它是多气孔的，能被渗透，但只能承受较小的受力；硬的木材像槭树、梨树或是桤木（赤杨）则需要用扩展设备来加工制作，但也能被研磨光滑，有紧密均匀的表面。介于上述两种木材之间，有像菩提树、白杨和云杉的软木材，它们的颜色从淡黄色（白杨、槭树）、黄色（菩提树）、微红（梨树、赤杨）一直到红棕色（桃花心木）。不过所有木材在光照射下都会变黄。

不同规格和材质的装饰木线在模型制作中都有较为广泛的使用（图3-23）。

图3-23　各种实木材料

2. 轻木板（Balsa wood）

轻木板别名巴沙木，也被称为巴尔沙木。由于材质极轻，最早用于制作飞机模型的材料。建筑模型用轻木板的厚度一般是0.5~20mm，大小从80mm×600mm到100mm×1000mm。

轻木板是所有造型木材中最柔软的，可以很容易地切割、雕刻、弯曲、塑形和黏合。切割板材时，薄的用美工刀，厚的用锯子。根据木材的花纹走向，有平行切割与垂直切割两种切割方式。垂直切割时如果刀锋不够锋利，切口面会很粗糙，需要注意。由于轻木板的表面很容易凹陷，而且其纹理不易去除，因此很难达到高水平的光洁度。

3. 贴面板（胶合板）

胶合板是由木材单板交叉粘贴制成的薄板，是一种轻质、抗翘曲的模型材料。其厚度从0.4mm到1mm，由山毛榉、桦树、杏仁树等木材做成。加工可使用普通木工工具，可用白胶粘接。胶合板是制作模型基础结构的良好材料（图3-24）。

4. 中密度板（MDF）

中密度板也被称为中密度纤维板（Medium-Density Fiberboard），由木材纤维和树脂混合而成，其外观光滑、均匀美观。它本身呈淡棕色，用油漆或清漆能够轻易改变色彩，是一种廉价的模型基础材料，多用于制作现场模型。加工可使用专业的木工工具，对中密度板进行切割时需要格外注意，因为切割时产生的粉尘对人体有害，应注意防护（图3-25、图3-26）。

五、黏接剂

粘贴是建筑模型成型的重要手段之一，为了确保模型的质量，了解黏接剂的种类以及黏接剂和所粘材料的性质是非常重要的（图3-27）。

在模型的制作过程中，常用的黏接剂的种类：

图3-24　木片制作建筑模型

图3-25　3mm厚度的中密度板模型

图3-26　木制城市规划体块模型

图3-27　各种胶黏剂

图3-28　白胶（小西木工胶水）

图3-29　STY胶水（聚苯乙烯专用胶水）

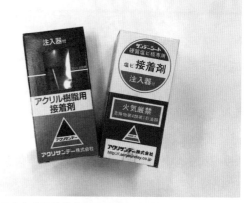

图3-30　亚克力专用胶水与氯乙烯专用胶水

1. 白胶

白胶是以在水中会膨胀的人造树脂所组成。在水分蒸发后，人造树脂会形成一层几乎无色的薄膜。这种黏接剂特别是在木材、三夹板和软木塞的连接上使用。某些情况下可以用白胶黏结纺织品、纸箱和纸类（图3-28）。

2. 溶剂胶

溶剂胶是以人造树脂组成和在溶剂中可被溶化的人造生胶。溶剂蒸发后胶的表面则会硬化。也就是说溶剂会穿透金属或是粘贴的接合处挥发。因此，如果作品的成分材质是可渗透的（纸类、厚纸板、纺织品、皮件、木材），或是粘贴的接合处呈狭长状或是延展开来的厚重材质（金属或是人造材质），我们就能够使用这些粘接剂。要注意的是，有些溶剂对人造材质是有侵蚀性的。所以，在模型制作时应进行粘贴试验（图3-29、图3-30）。

3. 瞬间胶

对模型建筑而言，瞬间胶是一种有趣的黏接剂。瞬间胶分为可渗透的和不可渗透的两种。因为可以产生快速而耐久的连接，在不可能将物质长时间握持或紧压的情况下，瞬间胶的使用较为有利，可以在金属、橡胶、塑胶、玻璃和瓷器上使用，也可以在纺织品上使用。在使用瞬间胶时必须特别注意，不可让黏接剂接触到皮肤或是眼睛。

4. 胶带和粘接铝箔

胶带也属黏接剂，因不需要固化的时间，使用胶带粘接在提高工作效率方面远比液态黏接剂优越得多，因而，它是备受推崇的材料。胶带又分双面胶带和透明胶带，这几年随工业的发展，优质胶带层出不穷，给制作模型带来了极大的便利。

粘贴处接缝的耐久性不仅取决于适合材质的黏接剂，还取决于对接缝处的处理。扩大粘贴面是重点之一。

重要的接缝形式：

钝的接合点；

歪的接合点；

钝的接合点和加盖的正面；

钝的接合点和单面的夹板；

钝的接合点和双面的夹角；

斜面；

简单的平板；

简单、垂直的平板。

粘接面的事前准备：

清除表面的异物（剩余的颜料、灰尘、剩余的黏剂）；

利用磨光将表面弄粗糙；

粘接面去脂（酒精、稀释硝基）；

干燥粘接面；

不触摸准备好的粘接面（皮肤油脂）；

均匀且薄薄地涂上黏接剂；

等待空气排出的时间（如果有这样的状况的话）；

让新涂上的粘接面远离灰尘，停止磨光机和电锯的工作，直到这些部分被黏合为止。

轻木板、PVC、聚氨酯泡沫手工加工过程

聚氨酯泡沫、亚克力、奥松板模型组装粘合过程

🅁 **学习要点**

模型材料的选择

　　根据模型制作的时间限制，模型制作的目的以及模型服务的阶段要求，对用于模型的材料选择应做详尽的使用计划。首先，模型选用什么样的比例，这样的比例能否完整地表现设计方案的要求，不同部件之间的理想关系应如何处理等。材料的选择是否恰当，模型的比例、尺度及简化程度是非常重要的，单色模型是设计过程中比较常用的模型类型。这一类模型通常采用一种材料来实现，其优点是大家的注意力会集中于对象的形式和体量上。

　　模型是建筑与环境的微缩小品，哪种材料能够完整地呈现设计思想，这就需要我们去探索各类材料的不同属性。对于初学者来说，模型材料的选择方法是对不同的材料进行识别、比较、尝试，以一种开放的心态创新性的应用。

第二节　设备

　　工欲善其事，必先利其器。

　　任何造型艺术都离不开对工具的选择和使用，就制作概念模型、扩展模型而论，一般只要能够满足绘图、测量、切削、雕刻这几项主要操作的用具即可工作。因此，制作模型所使用的工具也应随其制作对象的内容来选购。

一、基本设备

1. 工作台案

　　工作台案是制作模型必备平台。对于一般模型制作，如有条件可以建立必要的模型工作室，至少应有几个方便工作使用的模型工作台。一般习作性

模型、研究性模型均可在这种环境中进行。但是，对于较大规模的展示模型，则必须建立相应的模型工作室和长期固定使用方便的大小工作台案。

安全底板（俗称切割垫）的材质是氯乙烯树脂或烯烃系树脂。氯乙烯树脂有较好的耐水性和耐腐蚀性，难燃烧且绝缘，是安全底板的理想材料。安全底板分三层，较硬的树脂为芯材，较软的树脂包裹在外层，美工刀能够切入但不能切透安全底板。切割操作时安全底板既可防滑，且留下的切痕也不明显。安全底板的颜色多呈绿色、白色、棕色（图3-31）。

图3-31　安全底板

2. 测绘工具

模型制作时，应先对所制作的对象进行必要的测量和绘图，并在实际制作时严格按等高线去切割所有层高。对建筑物则应按比例严格绘图。这是一种事半功倍的做法。

具体做法有两种：一是通过概念模型、扩展模型对方案的尺度确认，并且在模型所用的材料上缩比画线绘图后，方可动用工具来进行切割制作；二是直接在电脑雕刻软件上制图并通过机器切割完成。

测绘图用具主要有：直尺、角尺、卡钳、曲线板、画线尺、测深尺、平角尺（金属规格），以及各种尺寸的量角器、圆规（固定附有定位螺丝的穿刺切割圆规）等（图3-32）。

3. 切割工具

模型切割工具根据材料的种类分为：纸类、木材类、泡沫类、玻璃类、有机玻璃类、塑料类、金属类切割工具。

（1）纸类切割工具

厚纸切割可用剪刀、美工刀、界刀、手术刀等，薄纸切割亦可使用上述刀具及木刻刀。使用这些工具可以剪、裁、刻出各种形状的纸类造型（图3-33至图3-36）。

（2）金属类切割工具

对线型金属材料，可使用钳子、锯子、裁剪刀等工具；而板材料可使用剪刀和铁锯，一般薄板多使用剪刀，厚板材使用铁锯处理。特殊用材亦可使用剪板机切割。

（3）木材类切割工具

软木类切割工具有裁刀、界刀、雕刀、平刀

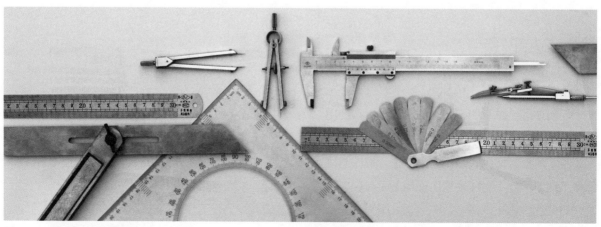

图3-32　模型常用的测量工具

图3-33 各式裁纸刀与钩刀

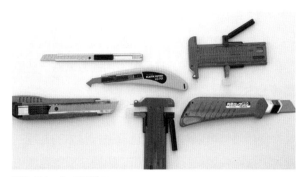

图3-34 各式切割刀

图3-35 纸质模型制作工具

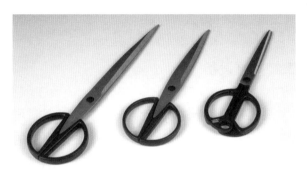

图3-36 剪刀

等；硬木类切割工具有锯子、劈刀、界刀、平刀等。此外，还有凿子、刨子等木工工具。

（4）泡沫类切割工具

一般常用的工具是模版刀具或切割器（电热丝制）、木工锯、裁刀、界刀、美工刀等。

（5）玻璃、有机玻璃、塑料类切割工具

玻璃、有机玻璃、塑料等材料的切割工具，分别有玻璃刀、有机玻璃裁刀、钩刀、剪刀等。这些工具一般都是较特殊的刀具，是其他工具不可替代的，在使用时须根据不同工具的使用说明，使用相匹配的工具加工。

4. 夹具及凿孔工具

夹具也称强固具，这类工具是模型制作过程中不可缺少的工具，有夹子、镊子、卡尺、钳子等。

凿孔工具有锥子、凿子、钻子、打孔器等。这些工具往往同夹具结合使用，尤其是对模型底盘及木结构模型来说，是必需的工具（图3-37）。

另外，还有一种用不锈钢制成的耐锈轻巧的新式镊子，长时间使用不觉疲劳。其顶端设计成弯角细长型，作为细微的贴剪等制作作业的工具使用方便。特种型新式镊子，作为医疗工具而被开发，其顶部更加细巧，能准确地进行拼贴。

5. 涂色用具

可依表现方法不同而分别选用油（彩）笔、水彩笔。有笔尖软的，也有尼龙制成的硬性笔，要依涂刷的面积和部位的不同而选用，也可选用适宜类型的平刷和圆刷。

图3-37 无线手持电钻

（1）绘画刀、刮刀、调色刀、调色盘

模型除了用喷涂之外，有些局部还应借用绘画刀具来加以细致处理，甚至可借用刮刀来做一些肌理等艺术效果。

（2）喷枪和压缩机

使用喷枪可以对大面积色调进行整体的处理，这种办法既快效果又好，它可以迅速使模型色调形成，且均匀美观，也是模型制作较为理想的表面处理工具（图3-38）。

二、扩展设备

表现模型和特殊的模型制作，需要一定的扩展设备来完成，这些机械的安置需要确定一个独立的空间。这个空间必须有良好的采光和通风条件，以及存放作品和设计图的空间。

1. 圆锯

使用圆锯须具备40～50cm的固定台面，锯片和工作桌所形成的角度是可调节的，正常的位置约90°，借助锯片的转向和工作桌的倾斜来完成。最后，应该有一个平衡器和圆锯配合使用，让台面和电机以及锯片能够再度呈现一个水平位置。木制模型屋顶倾斜部分的斜切割应该在水平的桌上进行。建议使用转换各式速度的电机（图3-39）。

2. 磨光机械

磨光机械的使用，必须配有一张可旋转的工作桌或是可调节的活动挡板。电机若是可以正向或反

图3-38　各种颜色的自动喷漆

向旋转是最好的。应该经常更换磨光锯片，这样才能够得到完美无缺的光滑平面，而不需耗时的做事后补救工作（图3-40）。

3. 线锯

线锯常用来对木材和塑料的片材进行锯切的机械，使用的方式和弓形细齿锯相似（图3-41）。

4. 电热锯

模型制作中常用电热锯切割硬式泡沫。一台机器应该配有固定的集电弓，并附有可以精确地切割高度、长度、宽度和圆形的辅助切割装置（图3-42）。

5. 附带机械

如果要扩大工作范围，可是以考虑以下机械：

图3-39　手提圆锯

图3-40　砂带机

图3-41　手持曲线锯

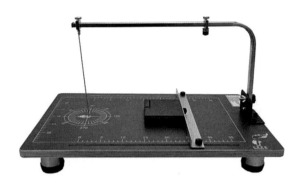

图3-42　电热锯

图3-43　木工铣机

搅拌剪；

带锯；

表面铣刀；

车床；

工具磨光机械；

高度可调节的装配桌；

以及其他一些扩展设备（图3-43）。

R 学习要点

机械工作注意事项

在圆锯、磨光机械和桌上型设备工作时，除了普通的工作、安全规则外，还要切记以下注意事项：

（1）工作台一定要保持干净，工作台不是寄物处。锯片、磨光片和钻孔备用物一定要锐利。在更换锯片的时候要切断电源。

（2）精心选材。废木中绝不能够有钉子或是螺丝，甚至是石头或沙粒。

（3）注意构件的作业程序。

（4）原木制作作品，切割必须是在干净的、平坦的、有垂直靠背的台面上进行。较大的厚木块应尽可能地请专业人员切割。

（5）进料一定在锯片之前，这样手才不会处于危险的范围里。制作时如果使用木制滑板，木制滑板上的小构件可以没有危险地在锯片和纵向固定处滑动。

（6）严禁使用金属制品（图钉、雕刻刀等）来推动构件（高度危险）。

（7）纵向台面和横向台面不要同时使用。

（8）如果小构件要横向固定在锯片前切割的话，建议用有辅助边（木材，薄且平行的边）的挡板将整个作品延长，让作品在整体宽度里处于一个平台，才不至于倾斜和容易握持。

（9）注意锯片的正确高度，切割时应比原尺寸多出6～10mm。

（10）模型构件在磨光时是垂直地向下运动。如果是在另一旁进行磨光的话，磨光灰尘会被高高地旋起，造成伤害。

P 本章思考题

1. 熟悉模型制作材料的种类及特性。

2. 模型制作设备应用中要注意的问题。

3. 模型制作中如何使用黏接剂？

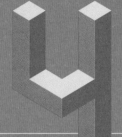

第四章

建筑模型的设计制作

PPT 课件
（扫码下载）

》章节导读：建筑模型无论是设计模型、表现模型，还是特殊表现模型，其制作通常可分
　　　　　为下列几个阶段来组织实施：计划、建筑主体的制作、环境的制作、配景的
　　　　　制作以及特殊装置的制作。

》关 键 词：流程、工艺

》重 要 性：★★★★★

第一节　计划

一、计划

在工作开始前，必须明确模型制作的目的和需求，并且需要拟定一份详细模型制作计划，对下列问题重点考虑：

①模型的类型是哪一类？是概念模型、扩展模型，还是终结模型？

扩展模型是否在此之后会被加工成终结模型或展览模型，模型是否具有可变性？是否允许调整和修改？

②模型描述什么？模型服务的对象是谁？研究和推敲什么？哪些是设计思想表现的重点？

③模型制作的所有文件是否齐全（平面图、剖面图、立面图）？模型建筑的制图是否可以以此实施？设计方案是否符合制作技术的可能性，工具、机械是否齐全？

④模型以何种比例制成？

⑤选择哪一种材质？它是否符合设计主题？

⑥模型制作的明细表是否已被列出？模型制作进程时间表是否合理？

⑦模型如何被包装？最大的限制尺寸是多少？模型能否被分解运输？

在工作开始前应该检查工具、机器和必备的材料，并再核对一遍拟定的模型制作计划。

二、拟订方案

模型在不同阶段有不同的制作要求，同一个方案所使用的材料、结构和制作方法也有所不同（图4-1）。

根据任务的具体要求以及通过第一阶段的周密计划，书面拟定出切实可行的制作方案：底盘的制造，地形建立，绿地、交通与水面的制造，建筑物的制造，周围环境的铺设，防护罩、包装以及时间和人员的组织安排等。

通常，在设计方案最初的概念草模阶段的制作，应使用身边最方便、快捷的材料工具，利用简单的工艺，对方案的整体关系进行表述。一旦整体关系建立，概念草模阶段也就结束。

概念草模阶段的设计制作，是针对设计之初的原始形态给予充分的整体的表述，如：使用模型板材进行面和体量的表达；以雕塑泥进行自由曲面的体块感的表达。

体块结构多用塑料、泡沫、木块或者黏土材料，可以快速有效地反映形体外部的整体与局部的关系（图4-2）。

在扩展模型的设计过程中，以进一步推敲设计方案和有针对性的解决问题为出发点。这一阶段可粗略地分为三大类工作模型。

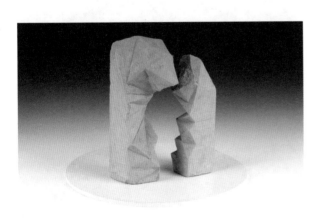

图4-1　建筑物设计草模

图4-2　表现建筑群体各部分之间关系的体块模型

①以展现外观形体为主的形态工作模型（图4-3）。

②以分析建筑功能或其他关系的分析模型（图4-4）。

③以展现内外部构造和空间分配关系的剖断面模型（图4-5）。如：支撑关系、体量关系、路线关系等，因而这一阶段的模型所呈现出的形态也是多种多样的。

扩展模型用于推敲设计构思，探讨与修整设计方案，以便使设计更加理想。其框架结构制作多用木质、金属、塑料的线形材料以反映内部构造和建筑的支撑关系（图4-6）。

在终结模型阶段，设计方案已经确定，建筑模型起到表现设计方案的作用。模型表现手法通常以

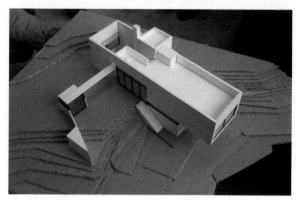

图4-3 反映别墅建筑形态关系的工作模型

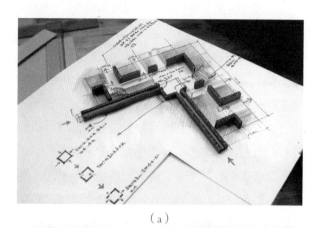

（a）

图4-4 反映建筑与城市共生的概念表现模型

（b）

图4-5 反映内部空间关系和结构的剖面模型

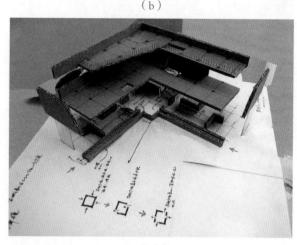

（c）

图4-6 建筑单体设计方案的扩展工作模型

图4-7　莫非西斯－洛杉矶艾默生学院设计过程模型

写实手法为主。另外，根据设计师的设计理念，还有一种偏重设计构思的理念表现型做法，这类模型的表现相对抽象和意象，与写实的表现相比更加富于审美情趣（图4-7）。

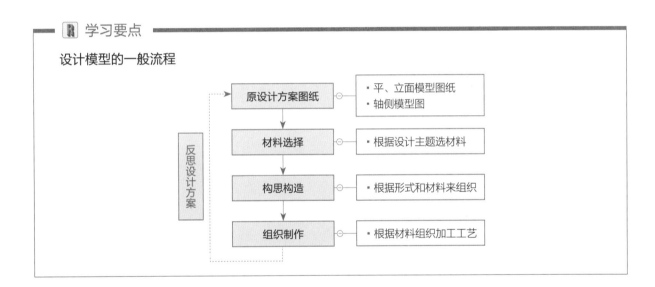

第二节　模型主体的制作

一、图纸与比例

　　模型制作的依据是设计构思和设计图纸。选择恰当比例尺决定了模型作品细节的表现程度（图4-8）。

　　制作表现模型须有适合制作的建筑图纸。客户提供的建筑图纸往往不能直接用于制作模型，需经放缩后才能成为符合模型比例的图纸（图4-9）。

　　模型的图纸主要有平面图和立面图两种。特别复杂的模型应索取图纸节点大样。

　　当然，概念模型不需要工作前的图纸准备，在基本的工具和简单的材料具备的前提下，即可工作。

1 : 100

1 : 150

1 : 200

1 : 250

1 : 400

1 : 500

1 : 50

1 : 1000

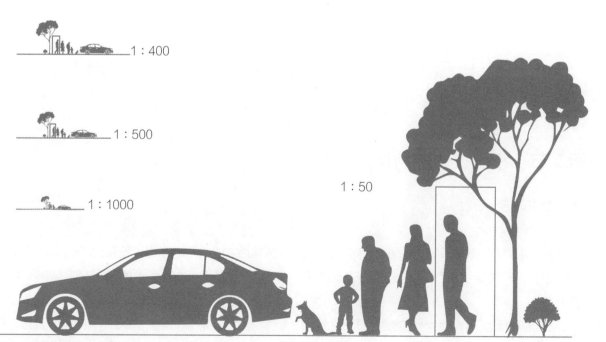

图4-8　建筑模型常用比例

图4-9　按照图纸比例制作的山地等高线模型

图4-10　模型板制作的山地支撑框架

二、模型主体的制作工艺

模型主体的制作，应根据建筑形态、结构和块面的变化，进行合理的设计与开料。其原则是：简洁、省料、稳定、牢固，符合力学结构原理，适应建筑物表面装饰需要。开料的项目包括：底座、建筑物四边立面、顶部（图4-10）。开料是将高度相同的各个立面同时开料。为了加固框架结构，开料时还应考虑增加一些加固的支架料，有些立面也可与支架料连起来开料。根据设计方案造型的特点，选择适当的材料，组织合理的构造，建造方案的模型形态，是模型制作的核心内容。

不同的材质有不同的开料工艺要求：层面排列的框架，适用于有机玻璃等厚质与硬质材料的制作；连续折面立体的框架适用于纸张、胶片等薄质与软质材料的制作；连续曲面立体的框架要注意选材及圆弧切断部分的工艺处理。

1. 纸质材料模型的制作

纸质材料因其价格便宜，加工方便，花色品种繁多而被设计模型列为最常使用的材料（图4-11）。

纸质材料是以面为塑造方式来建构模型主体部分。纸材料的开料即是把要制作的三维形体展开成平面图纸，以平面的尺寸切割材料，组建模型体。

下面以纸质构造模型为例，分析其制作方法。

（1）墙面构造

使用纸质材料制作建筑模型，最常用的构造就是使用纸板制作建筑外墙拐角和建筑外墙的厚度关

图4-11　纸质材料制作的建筑模型

图4-12　使用瓦楞纸板制作的地平面支撑框架

图4-13　使用模型板制作的箱体支撑框架

系（图4-12）。

（2）内部支撑构造

制作建筑物的内部支撑框架可以防止纸材料在制作过程中变形弯曲。也可以使用模型板制作的山地支撑框架（图4-13）。

图4-14 在弯曲入面划刻V形槽

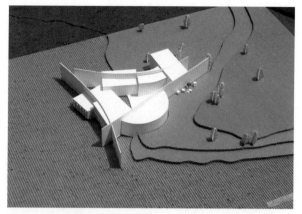

图4-15 模型板嵌入弧形槽内部

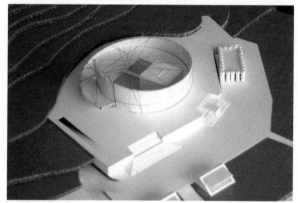

图4-16 捆扎

（3）单曲面构造

单曲面的构造通常出现在曲面墙角的制作中。使用较薄的卡纸可以直接弯曲制作而成，而使用1mm以上的模型板就很难弯曲。解决这样的问题有三种方法：

①在弯曲内面用美工刀划刻大量的V形槽，这样在弯曲的外面就可以得到较平滑的单曲面建筑外墙拐角（图4-14）。

②使用模型板嵌入弧形槽内部的方法解决弧形墙体固定的问题（图4-15）。

③用捆扎的方法解决3层模型板弹性过强的问题（图4-16）。

（4）框架构造

纸模型的框架构造通常使用刚性和弹性较好的厚模型板（图4-17、图4-18）。

如图4-19中是机械雕刻的PVC细条配合1mm

模型板制作的双曲面扭曲框架构造。

如图4-20中是单纯使用1mm的纸板制作的双曲球面框架构造。

（5）双曲面构造

如图4-21中的曲面是在图4-20球面框架基础上，黏合三角形卡纸而构成的球面体。

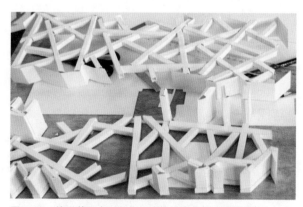

图4-17 使用普通卡纸制作的方管插接成的冰裂纹框架

图4-18　单纯使用1mm的模型板制作的框架构造

图4-19　使用机械雕刻PVC材料的建筑模型

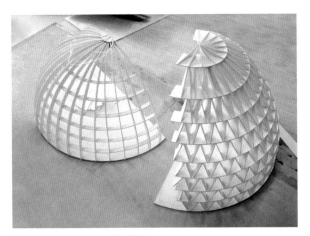

图4-20　用纸板制作模型框架

图4-21　用三角形卡纸片与纸板组合构成建筑模型

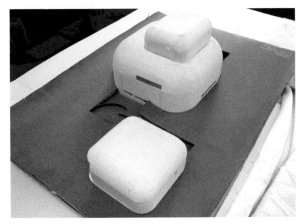

图4-22　在纸质模型上覆盖石膏的建筑模型

图4-23　纸、塑料、透光PVC等材料组合的建筑模型

　　如图4-22中是在卡纸做底的基础上覆盖石膏打磨光滑的方法得到的球曲面。

2. 复合材料

　　现代模型设计制作通常是多种材料的结合使用，如木质材料的木线、模板、木块等；塑料材料类的各式发泡塑料、亚克力、PVC等；金属材料中的金属丝、金属网、金属面材等。

　　如图4-23至图4-28是使用纸板、纸箱板、PVC、透光PVC、瓦楞纸板、木线、中密度板、灰卡纸、金属贴面纸、牛皮纸、竹签、EPE泡沫（聚乙烯发泡棉）等制成的模型。

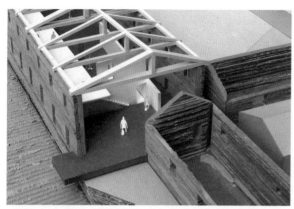

图4-24 模型板、瓦楞纸板、木线、中密度板、灰卡纸、金属贴面纸等材料制作的模型

图4-25 瓦楞纸、实木、透明PVC、牛皮纸等材料制作的建筑模型

图4-26 模型板、瓦楞纸板、实木板、竹签、PVC、木线等材料制作的模型

图4-27 PVC、EPE泡沫等材料制作的建筑模型

三、模型组件的磨制与黏合

模型组件的磨制要根据材料的状况来看，不同的组件则需要不同的打磨工艺。

将建筑模型组件的工件打磨和黏合，是一项十分细致的工序。下料后，建筑模型组件的边缘需要打磨、平整、去尘后方能粘牢。打磨的工具有电动砂轮、砂布（纸）、锉刀等。打磨时要注意工件的尺寸，以免打磨过头。打磨平滑鉴别的方法是用直角钢尺侧面测量工件边缘的直线是否平整。

工件的黏合要采用与材料相配的黏合剂。如有机玻璃框架工件用三氯甲烷或立时得万能胶，卡纸工件用白乳胶，PVC胶片工件用502胶等。所有黏合剂的切割力都较强，但拉力较弱，剥离强度更弱，因此使用时应尽量加大黏合面积。

图4-28 彩色瓦楞纸板、奥松板、PVC等材料制作的建筑模型

四、模型的表面涂饰

在建筑模型的表面涂饰前要先进行表面处理。补土是弥补模型组件接缝处使之不外露的重要做法。这个工作是为模型最后的表面效果服务的。补土的常用材料是多种多样的，有的直接使用黏合剂来填补接口、有的还需要再添加粉末成分。表面处理完成后方可进行最后的表面涂饰，涂饰的工艺流程如图4-29所示。

建筑模型的表面涂饰是模型表现的最重要工序。模型的形态、色彩、质感、工艺均集中体现在建筑物的表面上。建筑模型的表面装饰包括墙面装饰、门窗装饰、阳台装饰、立体装饰、台阶装饰、橱窗装饰、天台装饰等（图4-30）。

模型的表面涂饰要依照模型的制作需要进行，如：某些组件必须首先进行表面涂饰，然后进行黏合，不一定按照常规的工序进行。

涂饰的方法主要有裱贴、雕刻、绘制、喷涂等。

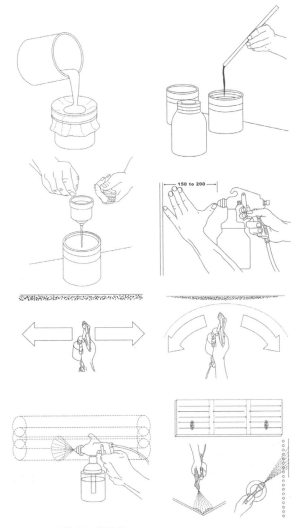

图4-30　涂饰的工艺流程

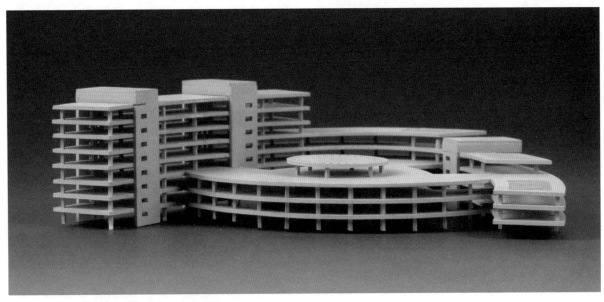

图4-29　在PVC表面进行涂饰的单体建筑模型

五、模型制作案例的流程

1．模型制作过程

图4-31是根据现场测绘得到的场地平面图，是模型制作前的必备工作。

图4-32架起作为基准高度的地形，然后制作地面。

图4-33所示在留好硬化地面空隙中加入建筑外墙面。

图4-34为墙体的内部支撑结构。墙体中空有支撑结构，这样做一方面增加墙体的强度防止变形，另一方面可以节省材料。

图4-35建筑外墙基本完成，所有玻璃窗都采用内嵌的做法。

图4-36至图4-43再加入室内分割墙体、楼梯踏步、室内的楼梯和壁炉等部分细部组件。

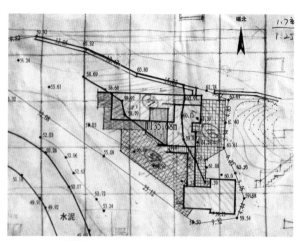

图4-31　现场平面图

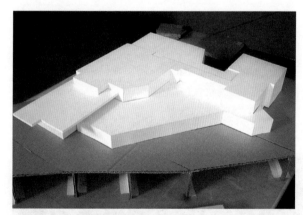

图4-32　架起基准高度

图4-33　制作建筑模型围墙

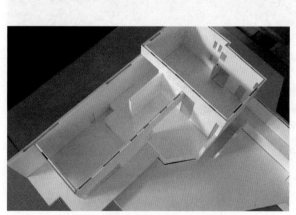

图4-34　制作墙体内部支撑结构

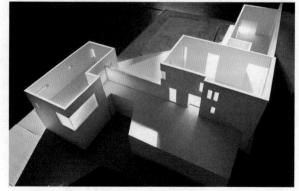

图4-35　模型外墙基本完成

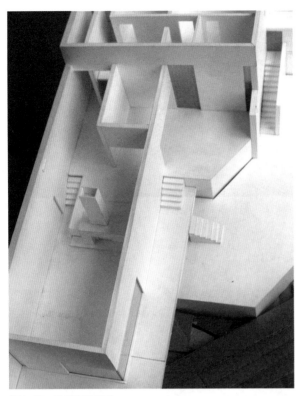

图4-36 处理细部组件

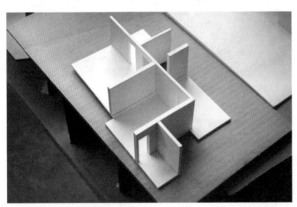

图4-37 可拆卸的二层分割墙体

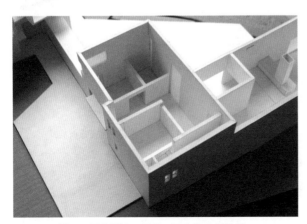

图4-38 拆下二层分隔墙，露出一层空间分割关系

图4-39 用纸板完成的建筑模型整体图

图4-40 表现室外楼梯与入户门、庭院地面的关系

图4-41 表现室外墙与地面的关系

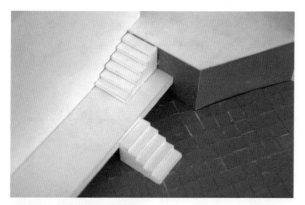

图4-42　庭院地面表现效果

图4-43　模仿朝阳的光照效果

2. 伦佐·皮亚诺建筑方案过程模型（图4-44至图4-48）

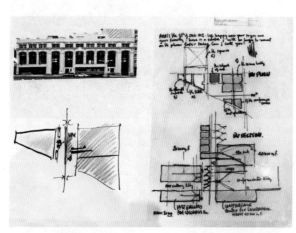

图4-44　建筑规划方案草图

图4-45　建筑规划概念模型

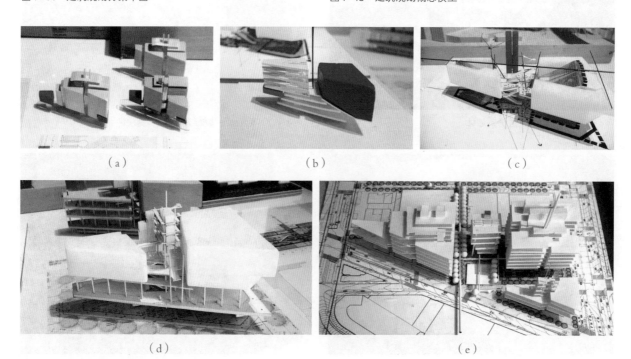

（a）　　　　　　　　　（b）　　　　　　　　　（c）

（d）　　　　　　　　　　　　　　（e）

图4-46　建筑方案扩展模型

图4-47　建筑方案表现模型

图4-48　建筑方案终结模型

R 学习要点

表面喷涂过程

一、喷前打磨准备

①使用由粗到细的砂纸对模型表面进行打磨。

②需要喷涂多孔材质时（如木材），喷漆前需要以腻子处理表面，使涂层渗透进材料的空隙，再打磨，从而得到光滑的表层。

二、喷漆工具选择

根据模型喷漆效果的要求选择适合的喷涂方式

1. 罐装自喷漆

罐装自喷漆的优势是便携、预先调和的颜色、品种丰富且价格低廉。

2. 喷漆枪

使用气压机能将空气加压后传输给喷漆枪，带动漆料喷涂至模型表面。喷漆枪相较于自喷漆的优势在于对大面积喷涂时更加经济高效，喷涂效果更加均匀。

3. 手工涂料刷子

对喷漆不能精确上色的模型细部，手工涂刷就显得十分必要了。

三、喷漆过程

使用喷壶与喷枪进行喷漆的基本步骤：

①喷涂底漆获得原始覆盖面。

②轻轻打磨覆盖面。

③如果再次喷涂并打磨表面。

④根据要求喷涂表层涂料。

⑤喷漆工作结束后，使用稀释剂清洗喷漆枪。

一般的经验是，分层涂漆的效果要比只涂一次漆好得多。这减少了油漆垂流泄露的概率，并让模型制造者有机会去检查任何可能被忽视的缺陷。

四、健康与安全考虑

遵照以下基本指南：佩戴手套，保护手部避免油漆或涂料侵蚀；穿着工作服，避免衣物被沾染；喷漆时，空气中涂料颗粒极易被吸入，所以需要佩戴口罩或呼吸器并保证过滤装置运行良好。

第三节　环境模型制作

一、底盘

底盘是建筑模型的重要组成部分，是放置模型主体、配置环境的基础。底盘的形状要根据其方案的要求来设计制作。常见的底座形状可以分为矩形、多边形、圆形或弧形（图4-49）。因为制作、运输、包装等客观要求，底盘的形状常常是长方形。

图4-49　底盘地形的表现

底盘选择何种材料制作，模型建筑如何连接是要整体考虑的。木制底盘底部结构的制作可选用实木板、细木工板、金属等材料，小面积可用厚纸板、薄片、反光片、亚克力等材料，其他易损坏、不易固定的材料需要加一个稳固的底座支撑，在这个支撑底座上可以将其他构件从下方固定或者从上面钻孔嵌入。使用玻璃时要将其周边磨光去掉棱角。

地形等高分层和建筑物本身都可以固定在底盘上，也可以做成活动的。底盘上面还要呈现以下这些内容：

　　模型名称；

　　比例尺，指向标（图4-50）；

　　模型制作者；

　　也可以将上列陈述贴于一个特定范围。

图4-50　模型中的比例尺与指向标

二、地形的制作

地形制作的前提条件是地形测量的精确度。其中建筑物的面积、交通、绿地和水域面积，树木以及露天阶梯、斜坡、护墙等都应该包含在内（图4-51）。

1. 等高线做法（多层粘贴法）

场地高低差较大，用等高线法制作模型时，要事先按比例做成与等高线符合的板材，沿等高线的曲线形切割，粘贴成梯田形式的地形，这就是等高线做法。

图4-51　体现地形高度变化的工作模型

根据地形图的等高线变化分成若干等份，再按各等份的高度选择泡沫板的厚度，然后将各等份等高线分别绘于泡沫板上，并用电热锯或钢丝锯锯出，用乳胶层层叠粘在一起，干固后用墙纸刀、砂纸等工具修改，使山丘坡地变得自然柔和，这种方法适用于山丘变化较大的地形。

在这种情况下，所选用的材料以纸板、软木板、苯乙烯吹塑纸板和吹塑板为主，可用电锯或热切割器切割成流畅的曲线。通常，还可以选择木板、PVC、ABS塑料等片状材料来制作地形等高线（图4-52）。

2. 高低断面做法

在建筑场地图上画出等距离的纵横轴线，如果某些点的高度已知，则可用厚纸、轻木等材料，如胶合板等板材做成蜂巢格子状（这种格子形状类似升斗格，图4-51），格内用泡沫苯乙烯碎屑和旧纸板将其填成平缓圆秃状，使其成为符合场地实情的曲面；之后，再将其顶部用黏土填塞，做到表面压实，然后再在上面粘贴柔软的防风纸或麻纸等，要多贴几层。接着，可将有色灰纸用于揉搓后贴在其表层上，这样就做成了柔软感的地面效果。此外，也可直接将泡沫苯乙烯的厚度切割成与轴线处相等的高度，然后塞入巢格中作粘贴处理，这样不但不需要加任何填充物，

而且方法和程序也简单得多。

当地面雏形有了以后，要进行地面的处理和加工，这时候应充分考虑整体关系，以及道路、石墙、青苔、水面、树木等的表现手段，同时还应正确地掌握建筑物与室内外景物的相互关系，这是很重要的。可以说模型制作始终都要注意建筑物与周围环境的对比协调关系，从而始终做到主题鲜明、突出、和谐（图4-53）。

3. 石膏浇灌法

先将山丘坡地的地形等高线描摹到底盘台面上，用木棍、竹签或铁钉将山地的高低变化点，如峰、岗、沟、岩、壁等按等高比例做出标高记号，再用石膏纸浆、石膏碎块或泥沙等材料浇灌上去。浇灌时可分层进行，一层一层浇到最高点。塑造成型后，再用竹片或刀片适当修刮出理想的等高落差效果。这种方法适用于山丘变化不大的地形。

4. 玻璃钢倒模法

按地形图要求，用黄泥或石膏浆塑造立体山丘坡地地形，再用石膏翻制成阴模，然后按玻璃钢材料的配方在模具上涂刷树脂，裱糊玻璃丝布制成轻巧、坚固的空芯山丘坡地模型。这种方法虽然比较麻烦，但地形效果柔和逼真（图4-54、图4-55）。

图4-52 使用PVC板雕刻制作的地形等高线模型

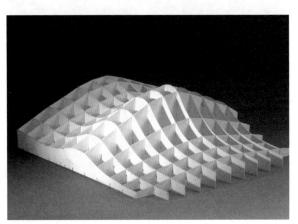

图4-53 高低断面地形制作法

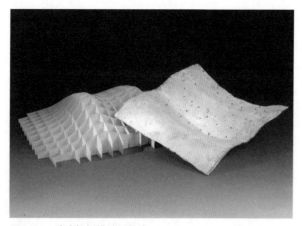

图4-54 玻璃钢倒模地形做法

图4-55 在玻璃钢地形模型上制作植被

三、水面的制作

模型的水面制作包括海面、湖面、江面、喷水池等。水面的制作对提升模型环境、丰富模型形式起着重要的作用。水面的表示方法既不能脱离实际，又要比实际简练概括。江、河、湖、海水面的高度一般不应高于地面。

制作的方法有三种：一种是切挖反贴法，即模型台面切挖出水面的形态，在台面夹板下面反贴一层湖蓝色亚克力（图4-56）；另一种是平贴盖叠法，即在模型台面上平贴湖蓝色即时贴或色纸，再盖叠一层透明胶片或透明胶布；第三种，是在第一种切挖的基础上，用树脂（市场有售仿真水）浇注在切挖好的形体内，这种水面的制作方式十分逼真。为活跃水面气氛，还可以在水面上点缀一些

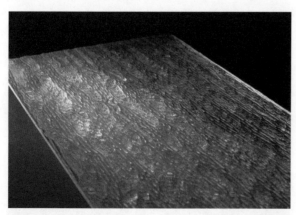

图4-56 水纹亚克力板

草、石、水纹等。草、石可以用草粉、海藻、碎砂、卵石制作，水纹可以用白蜡、白色透明玻璃胶制作，必要时还可装置动感水面。

游泳池、蓄水池的表面应高于地面，用蓝色有机玻璃制成。常用的水面制作材料，有粗糙的条纹纸、反光纸、亚克力板（图4-54）、树脂等。水底色彩用喷枪从浅至深制作完成。

四、道路的制作

地形学模型的道路十分复杂，纵横交错。表现时应考虑整体表现的方法，精细的表现模型可用ABS塑胶板电脑雕刻完成，也可用浅灰色防火胶板或即时贴整块地粘贴于底盘台面夹板上，然后在上面画出或留出道路位置。灰色防火板或即时贴可用于道路、人行道、绿地等的表现，可用适合尺寸的有机玻璃、草坪纸、厚卡纸，将道路以外的部分垫起来，表现道路的边线就清楚呈现出来。模型中的主干道可以用黄、白两色的即时贴裁成细条快车道、慢车道、人行横道线等标志，也可以用遮盖法喷涂制成。大比例（如1∶100）的模型道路还可用适当的材料（如ABS塑胶板、纸板等）做出道路人行道间的边石线（图4-57）。

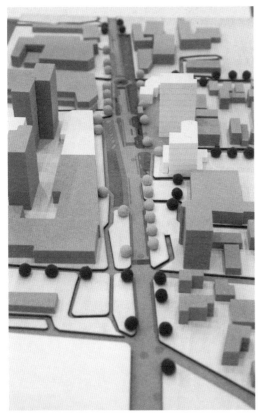

图4-58　城市规划模型中广场的表现形式

图4-57　城市规划模型中道路的表现形式

图4-59　建筑模型中人物的表现形式

五、广场的制作

可以在道路基面用材（ABS塑胶板、防火板或即时贴）上，用刻线或绘线的方法表现广场砖的效果，也可以在路面材料上粘贴模型饰面专用纸或有机玻璃等，以增加广场地面的肌理质感（图4-58）。

六、配景制作

1. 人物

人物是模型比例的参照物，在制作时，尺寸要做得准确，要把与模型相适应的人物摆在出入口的附近和能表现出比例感的地方。在概念模型、扩展模型制作阶段有抽象、具象两种表现方式。

（1）抽象的表现

抽象的表现人物，形式多样、选材各异，主要体现出人物是模型比例的参照物即可。

用大头针及纸做成人形，这是一种简单的抽象的人物做法。用有颜色或花纹的纸剪成不规则小纸片，随后把小纸片弄皱团成小纸球，然后用人头针穿过。这样就做好了比例是1∶200～1∶100的抽象人物模型。

还有一种方法，把硬泡沫切成厚度1mm的薄片，然后按比例切成1～2cm宽的正方形的小片，用大头针顺着纵向穿过去，最后用剪刀剪出人形轮廓。这种方式既快速又特别适用于设计模型（图4-59）。

装饰用的木板条也可以做成抽象人物模型。

（2）具象的表现

可以从图库或摄影杂志中找出合适的图像，然后用打印机、写真机把它缩小至符合模型的比例尺寸。把简化后的轮廓粘贴到合适片材上，去掉轮廓外的框边，制成所需的剪影人形。在设计模型和表现模型中常常用到这种方法。

大比例尺模型的人物可以使用黏土、陶土或铁丝来做，在大比例尺模型中也可以把人形当成人体模型（四肢可动的玩偶）来制作。

在小比例尺的模型中我们可以用身边常见植物的种子或小的金属钉来表示人物。

另外，市场上量产的树脂比例人物模型，在表现模型的制作中发挥着重要的作用。

2. 草地

草地的制作比较简单，可在模型商店购买草坪纸或草绒粉来制作（图4-60、图4-61）。

小面积草坪只要按图纸的形状剪下相同大小的绿色植绒纸贴在所表示的部位即可。大面积草坪可粘贴上用大孔泡沫制作的树木、树篱笆、植被等。若一时找不到所需草坪颜色的植绒纸，可用淡黄、中黄、淡绿等浅色植绒纸代替。如果在汽车配件商店能买到31号苹果绿或33号玉绿色自喷漆，利用其特点发挥自己的创造也能喷出深浅变化不同的绿地，而且效果可能会更佳。概念模型也可用细锯末来做绿地，即先将锯末染色，待干后用乳白胶将锯末粘在底台上，但它的质地粗糙，没有上述材料效果好。

3. 树木和灌木

建筑模型中的树木和灌木丛也是体现模型比例大小的参照物，如果不用树木造景就会让人觉得模型比例不准确，模型也不精彩（图4-62）。一棵小比例的树会让建筑物显得高大。树林安置在模型中的位置是很重要的。随意地分布树木及灌木丛位置是不可取的，要有意识地根据模型的整体要求来制作布置。选择树木及灌木丛的外形不只是依模型比例而定，也取决于整体模型所要表达的效果。我们的目的就是要按比例表现出树木的主体及整体形式，而不是为了表现一种特殊的树种。模型中的树形基本上是球形、锥形、圆柱体及伞状。

另外，建议不要把不同表现方式的树木模型安置在一起。

图4-60 草坪纸

图4-61 草绒粉和草绒纸

图4-62 不同种类、比例的树木模型

树木和灌木丛的制作方法和思路多种多样，常用的主要有以下几种：

松树的松果、棕树或落叶松、小树枝、干枯的杜鹃花、欧蓍草的花序及相类似的伞状花序。

冰岛地衣、丝瓜的纤维组织或浴用海绵等，这些天然物质可以切成所希望的形状，来制作树木模型（图4-63）。

树木的制作可以使用金属线、细的金属丝或粗的纤维泡沫塑胶垫（也可用过滤器的滤网）。把金属丝（扎花金属线）用老虎钳捆紧，金属丝尾端套在钻孔机的钻头套筒上，然后慢慢转动，使得金属

图4-63 用冰岛地衣制作的模型树

丝缠绕在一起。之后就可以依所需树木的高度及树冠的直径切割成相符的形状。把预定树冠部分的铁丝扭开，然后弯曲成所构想的树形。

用金属丝布制作树木：首先在金属丝布上切出

不规则的片状，然后在中间插上捆紧的金属丝制成的树干，树干也可以使用较大的金属钉或木棒来代替。

图4-64为使用细铜丝制作树木模型的流程。

可用来制作树木模型的材料有：

纸球、木珠子、豌豆、木球、木钉或木圆柱；

洗瓶刷；

保丽龙球、软木球、亚克力条、泡沫塑胶垫；

金属线锯屑、扎筋钢丝；

精细的金属丝布；

钢丝绒；

线钉。

抽象树形表现法如图4-65至图4-82所示。

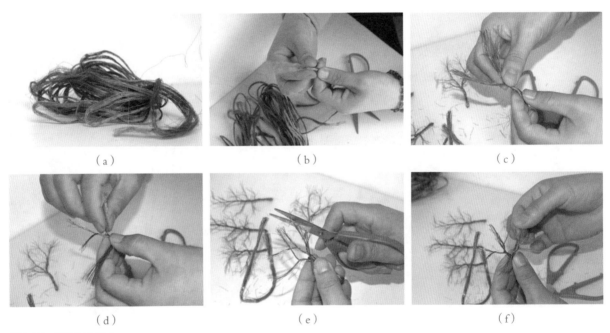

（a）　　　　　　　　　　（b）　　　　　　　　　　（c）

（d）　　　　　　　　　　（e）　　　　　　　　　　（f）

图4-64 铜丝制作树木

图4-65 用模型卡纸制作的概念树

图4-66 使用多种色彩卡纸制作的概念树

图4-67　使用竹签表示概念树林

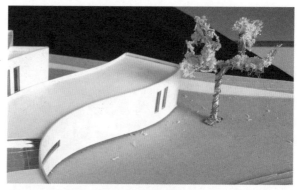

图4-68　使用铁丝和线绳制作的概念树

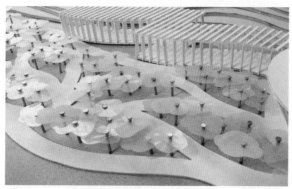

图4-69　使用钉子和PVC塑料片制作的概念树

图4-70　使用海绵制作的概念树

图4-71　使用模型卡纸制作的概念树

图4-72　使用门帘上的塑料管着色制作的概念树

图4-73　使用铁丝制作的概念树

图4-74　使用树枝和纸绳制作的概念树

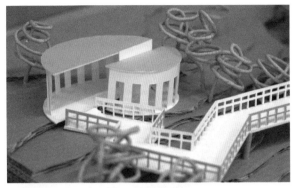

图4-75　使用包裹牛皮纸的电线制作的概念树

图4-76　使用塑料球制作的概念树

图4-77　使用牛皮纸圈制作的概念树

图4-78　使用模型纸条制作的概念树

图4-79　使用模型板碎屑制作的概念树

图4-80　使用吹塑海绵制作的概念树

图4-81　使用人造花泥制作的概念树

图4-82　使用丝网和毛绒布制作的概念树

4. 交通工具

汽车与人物同样都是用来表示模型比例的参照物，其比例的选择应给予注意，色彩也可根据模型的主调进行设计处理。市面玩具店卖的模型小汽车，在选用时，要看清车体下部所标的比例数值，选用时要做到能够与建筑物模型的比例相接近（图4-83）。

市面有出售的铸铝模型汽车，将此模型汽车压入黏土内制成黏土阴模，注入黏土（泥）浆，或注入石膏浆可制成石膏小汽车模型。

其他制作汽车模型的方法还有：

把木材（软木质）方料切削成小汽车；

把苯乙烯重叠粘贴成小汽车；

把泡沫乙烯切削成小汽车；

用泡沫苯乙烯制作。

5. 家居用品

为使模型能够对城市规划、建筑设计、住宅小区、建筑物等与周围的环境关系有更准确地表达和表现，同时也对外部空间与内部空间的相互关系进行对比，这样不仅可以直接分析建筑外部与室内的连续性，也可掌握建筑物主体和空间比例感。对室内家具用品的表现，则会提高人们对室内虚空间的理解及对室内环境气氛的认识。如果是店铺建筑，则顾客行动路线及营业员的人流关系，也能一目了然。

在表现方法上，如果是简单的表现法，则开口部分的玻璃可用透明材料制成，使其内部能被看清楚；还有一种表现法是把墙的一部分和屋顶部分去掉，这样也能看到室内情况。内部的表现方法可简单地在平面图上画好家具位置，也可以做成立体的家具和家电，繁简程度根据其需要而定。在小比例尺中（1：200，1：100及1：50），供人坐的家具制作方法与交通工具相仿，在一个已切好的板条横切面上裁下所需形状。此外，也可以使用木头或亚克力做的立方体、小方块、长方体及不同横切面来表示家具装饰（图4-84）。

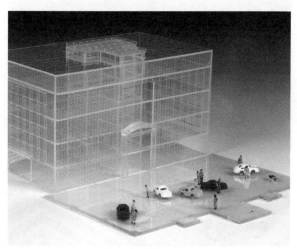

图4-83　与建筑形成比例参照关系的车辆模型

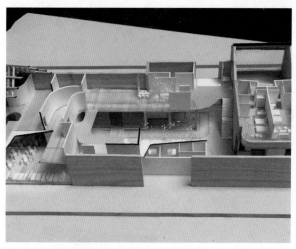

图4-84　反映室内家具用品布局的模型

ⓡ 学习要点

建筑环境模型中的配景制作

　　建筑模型中主题物周围的植物、人物、水景、交通工具等称作配景。这些配景中的庭院、树木、篱笆、长椅、街灯、水池、行人、车辆、家电产品等各种物件可以增加建筑模型的临场气氛，更容易传达设计方案的全貌。

　　配景中表现水最简单的办法就是贴上近似水的颜色的彩纸，表面再贴一层透明氯乙烯板，也可以用玻璃纸胶带代替透明氯乙烯板。表现流动的水可使用玻璃纸胶带，先把胶带揉皱，再展开贴在彩纸上即可完成。另一种方法是购买固体水或水面板料等商品来完成水面的制作。固体水是加入了蓝色的石蜡或氯乙烯，隔水加热后溶化，倒入模型中的水池或河流部分，凝固后就可以表现水。成品水面板材是加入了蓝色或绿色的聚丙烯半透明塑料板，可使用剪刀或美工刀裁成水景部分需要的形状，使用双面胶粘贴在模型中需要的位置。

　　表现树木最简单的办法是直接使用市售的"干花树"，这种产品是将星星草上色后晾干的干花。还有一种普遍使用的方法是用一种市售产品，叫作Treek的铜线，用这种铜线制作树干，然后用海绵制作成树叶状的黏上去。

　　表现地面环境可以用草粉、草皮纸、砂粉、园艺海绵这类上色的产品。如果比例合适的话，用实际的砂石可以增加真实感。

　　表现人物时，模型商店的塑料人物模型可供选择。其中品种最多且具有真实感的是德国Preiser公司的产品，有白色和其他颜色，比例有1∶100的、1∶50的，均按照公制缩小制作。除此以外，美国Plastruct公司还生产销售家具等小物件的模型。交通工具商店有各种比例的成品可供选择。自制汽车模型最简单的办法就是用泡沫砖切割出外形，然后涂成所需要的颜色。

第四节　特殊效果模型的设计与制作

一、模型单向流水灯光控制器

　　此类控制器共分三类：

　　第一类是简易彩灯控制器，通过两个电子开关交替导通，以达到近似流水效果，频闪速度用旋转控制电位器来实现。特点是性能稳定（量产），使用寿命长，安装简便，缺点是流水效果单一，仅能实现交替闪光。

　　第二类是霓虹灯可编程控制器，通过单片机控制，可以预先写入控制芯片，按设计控制交替闪光，实现多点控制，这是目前控制器最人性化的形式，而且造价可以接受。其主要问题在于实际安装时控制点虽然理论上越多越好，但是由于模型接线全是在模型底部操作，控制点越多，实际操作起来越复杂，故障率越高。作为展示模型来说，意味着造价越高，工期越长。

　　第三类是一种机械式流水控制器，可以自制，用一个特种减速电机（5~8r/min）带动一个圆盘。圆盘上设置一个金属片。在另一个盘上安装一定数量的金属感应开关（霍耳元件），当金属片运动到感应开关之上时，触发感应开关导通，并控制一个或多个继电器工作，用来放大控制电流。从而达到控制各种电压灯具的目的。此种控制器非常直观，原理简单，性能稳定，易于制作（图4-85）。

图4-85　机械式流水灯控制器

图4-86　开关电源、变压器、LED电路板

①用于建筑物内部各房间灯光显示。

②用于环境区域边线显示。

③用于道路边线与广场灯饰显示。

④用于模型中沿街橱窗广告灯箱的显示。

⑤用于模型标牌字的装饰性灯光显示。

光纤的工作原理是：采用聚光灯作光源，光源通过定时定速、带有多种色彩的滤色片和机械转动装置的透明光学转盘，将五彩缤纷的彩色光，通过光导纤维传至各显示光点上，各显示光点通过有意识编排，产生多彩的模型灯光显示效果。其特点如下：

二、自动控制电路设计

自动控制电路设计是将自动控制装置同各自动控制功能点（声、光、灯、烟、水等）进行科学、合理、安全的布线设计工作（图4-86）。

设计时要注意：

①布线要绘制详细、规范的电路图，电路图符号、元器件规格标注准确。

②不同电压的电线应以不同的粗细或色彩相区别。

③交流电的火线（L）、零线（N）和地线（E），以及直流电的正（＋）、负（－）极也应规范。

④接线端子的代号也要编制有序。

⑤自动控制装置要设计单独的开关和保险丝。

⑥手动、自动切换开关应能互相彻底切换，避免干扰。

⑦输入线与输出线必须分开设置，要增加屏蔽措施，并远离任何电缆线。

三、光导纤维

光导纤维在模型中的应用主要有五个方面：

1. 色彩变化丰富

各种色光在同一时间同一光纤内，能产生瞬间变化，表达多种渐变的色彩，而色彩的变化只需简单调整滤色片在透光转盘上的方向、位置和大小。

2. 良好的平面展示效果

光纤模型由于光点直径极小（直径不足0.75mm，最小的只有0.15mm），排列可疏可密，发光时无温升，每平方米可排列40000束左右的光纤，因此具有良好的平面展示效果，产生色光（红光、蓝光、黄光、绿光）的渐变、常亮、循环、顺逆、闪烁、跳跃等效果。

3. 耗电低，抗干扰

光纤的光源集中，模型中的每项灯点展示功能一般只需要一个光源，每个光纤光源约0.55kW/h，它能负载2000束3m长的光导纤维，即展示

2000个光点；光纤光源比传统电光源省电50%以上。由于光源集中，光纤导光结构简单，因此模型中使用光纤，不会如霓虹灯、米泡、发光二极管那样因某一部分损坏而影响整个灯光显示功能。

4. 安全

由于模型中的光源传导变化部分与光纤展示部分是分开的，因此不会出现漏电现象。如在模型中有真水流动循环功能，可将光纤的光点部分置于水中展示，将产生变换无穷的水光效果。

四、水循环

水循环水流系统是利用潜水泵、储水柜、上下水管、模型防水河道或水池等制作而成，具有真实的水流显示与变化效果，是大比例模型表现假山小瀑布、喷水池、河流的理想形式，制作时应注意以下几点：

①水面喷水装置要求水池作好防水。

②水池下水管在水池中应稍高于池底1cm左右，以便池内始终有水。下水管安装要隐蔽。

③上水管出水口要减压，防止水压过大而喷出很远，如在出水口上方加一片挡板，以使瀑布的水流柔和自然，流动顺畅。

④利用不同粗细的医用针头，可以逼真模仿各种喷泉效果。配合电磁开关及音乐控制器，可以制作出音乐喷泉，达到更好的展示效果。

五、遥控装置

1. 红外遥控器

分发射及接收两部分，类似家电控制系统，抗干扰性强，控制点多，但不能做到全向接收。

2. 无线电数码遥控器

对码发射接收，超远距离（可达1km以上）全向控制，有学习功能，可非锁、自锁、互锁、延时，抗干扰性强，控制点多，体积小，是目前比较

理想的遥控装置。

六、运动装置

1. 剖面升降闭合装置

可以展示建筑外观及内部的关系，动力系统包括减速电机、连杆、滑道。通过相应的控制系统产生开合信号，停顿信号，达到智能控制目的。

2. 小车运动装置

可以通过减速电机带动微型链条（摩托车凸轮轴传动链条），在预制的轨道内运动，用支杆挑起模型车（此种方式在模型表面可见开口）或用磁铁吸引方式带动小车（此种方式小车底部应设置万向轮及铁片）。

3. 其他运动装置

风车、旋转木马、摩天轮、水车、摇椅、酒店转门等运动装置要注意使用好减速器，联轴器及微型轴承。如需连续运转最好应用交流无刷电机作为动力源，以保证运动装置长期稳定运行。应用直流电机应增加相应的定时控制器或人体红外接近开关延时器，用来增加趣味性和有效延长电机寿命。

ℝ 学习要点

照明模型的特点

照明模型能有效增强设计方案的表现效果，一些模型结合照明，由于加入的光被呈现出来，因此可以给方案烘托氛围、增加戏剧性，强调了方案的特质。另一方面也可以用于记录各种不同光源的光照效果，用来研究方案照明策略。此类模型使用微缩的光源、光纤、透明或半透明的材质，会使方案产生雕塑般的空间关系。

目前，常用的光源灯具有白炽灯、卤素灯、LED灯；照明形式主要有自发光、投射光、环境反射照明三类。

第五节　模型的拍摄

实物模型承载着比平面图片更加直观的空间信息，那为什么还要对模型拍摄呢？这是因为给实物模型拍照，把它转化成另一种媒介，从而在其他媒体上呈现，如印刷品、互联网、各种电子显示设备等。

还有更重要的一点是通过对光影变化、拍摄角度和取景方式的多重控制，拍摄出方案最想呈现的信息，从而确保观众对方案特点的理解和感知。

一、拍摄器材

模型对拍摄的要求较高，必须要做到布光正确，画面清晰，主体突出，背景协调，角度适宜等条件，所以要尽可能选择好的摄影器材和好的环境条件。

1. 相机类型与选择

根据使用需求的不同，可以选择卡片式数码相机、数码单镜头反光相机（单反）、微型单镜无反电子取景相机（微单）。卡片式相机的优点是体积小巧、便携，同时操作简单；缺点是不能更换镜头，成像质量较一般。单反相机可配备专业镜头和各种相关配件，其优点是成像质量高、功能强大，专业性强；缺点是体积大、过于笨重，操作相对繁复。微单相机随着近些年技术的进步，其体积越来越小巧，在功能和画质方面可以媲美单反相机，缺点则是镜头群的完整程度较单反有所欠缺。

2. 镜头类型与选择

照相机镜头根据焦点距离不同、拍摄范围不同而分为三种：广角镜头、标准镜头以及长焦镜头。三种镜头拥有不同的视域，因此也分别适用于不同的拍摄需求；同时镜头还可以分为焦距固定的定焦镜头以及可调焦距的变焦镜头。在画质方面，定焦镜头的成像质量要高于变焦镜头，但由于其无法改

变拍摄范围，所以定焦镜头在使用的便捷性方面要稍逊于变焦镜头。在拍摄建筑模型时，可根据具体成像需求选择适合的镜头。

3. 摄影辅助器材

在室内拍摄时可以用静物台和吸光布来布置拍摄环境，同时可以使用摄影辅助器材以获得更好的图像。例如，在拍摄模型细节时为保持稳定，可使用三脚架固定相机，连接快门线或者遥控器，以获得更好的成像质量。在光照不理想的时候可以使用闪光灯或者柔光灯进行光源照明，也可以同时使用反光板补充照明（图4-87）。

二、建筑模型的拍摄

1. 拍摄角度

拍摄模型时应该根据用途选择角度，模型拍摄角度的选择会影响模型最后的表现效果。如拍摄单体建筑和观赏模型时应选择主体建筑的正立面，角度不要太高或太过正中，选择靠一侧立面的正立面并且视点低于建筑物的中心水平线，这种拍摄角度更接近人的自然观察角度。如果是规划模型和供设计、审批的模型，则需要选择高一些的视点，即俯视角度，这样更能一目了然地表现整体规划的建筑布局。好的角度就是用少的图片说明模型的全貌，其中包括正上方鸟瞰和主次立面，有些有特点的局部也要进行特写。当然具体情况需要具体对待，如果是有坡地的规划模型就不要有太大的俯视角度。拍摄的角度对模型内的细节和表现力关系较大，所以最好是从多个角度都拍摄一下，以便有更多的选择。

2. 拍摄用光

模型拍摄时最好使用室内自然光，拍摄地点适

图4-87 静物台、三脚架及照明设备

合在明亮宽敞并且光线固定柔和的阴面房间内进行。因为阴面房间的光线不受阳光变化的影响，其他杂乱的光线也不容易进入镜头。拍摄时最好是多云晴天。如果室内自然光线不足的话也可以采用灯光照明，但最好不要用相机自携的闪光灯拍摄，因为此闪光灯的位置与相机的拍摄角度相同，很难来表现模型本身的色彩变化与体量关系。所以使用恒定光源进行照明，必须使拍摄与照明光源的方向呈45°左右的水平夹角，以体现建筑模型的优美体块和轮廓线。

有的模型为强调光影效果和特定背景，可以将模型抬到户外的草坪、屋顶平台上进行拍摄，将草坪、蓝天白云或城市远景作为建筑模型的背景，其效果也会十分理想的。在户外进行拍摄会使色调鲜明，光线充足，而且使模型更富有实际感。

3. 拍摄距离

模型拍摄的距离要适宜。过近容易暴露模型制作过程中细部表现的一些缺陷，同时会因景深过小而造成某些细节不清晰；过于远又不容易突出模型的主体及其重要部位。一般来说，小模型和单体模型拍摄时选择的镜头焦距应该大于1m，以取镜框能够容纳模型的全貌为准；规划模型及大模型，镜头焦距应大于2m，以加大景深使模型整体清晰。

三、图像处理

一般使用Adobe Photoshop软件对照片进行处理。

1. 裁切构图

为了更加准确表达和显示内容，可以对已摄制的照片进行裁切、调整、重新构图。

2. 调整透视

相机拍摄的照片都是三点透视，为了呈现的效果更加契合观众的视角，需要对照片的透视进行调整。

3．色彩调整

通常为达到最佳效果，会对模型照片的色彩进行针对性地调整。常见如：拍摄时光源的色温与目标色温有差距；建筑模型的主体的色彩有特殊要求等。

4．修复缺陷

拍摄建筑模型照片时，不可避免会出现瑕疵，这时就需要对这些缺陷进行修复。

5．环境处理

由于拍摄环境的局限，摄制的建筑模型照片环境杂乱，这就要对照片中的环境进行处理。一般可以用三种方法：一是利用模糊工具，对背景环境进行模糊处理，模拟浅景深的效果；二是对背景进行填色，模拟背景布效果；三是调整背景明度，模拟曝光效果，调高亮度模拟背景高曝光度，反之模拟低曝光度。

6．图像输出

（1）色彩模式

图像色彩模式常用的有两种：RGB模式和CMYK模式。根据终端呈现形式选择输出色彩模式，在电子设备上呈现时选择RGB模式；而印刷品则需选择CMYK模式。

（2）分辨率

跟色彩模式选择一样，图像输出的分辨率也需要根据终端呈现形式进行选择。电子设备的分辨率一般是72dpi；而纸质印刷品则选择300dpi；户外喷绘写真分辨率大概为100dpi，但喷绘尺寸在20m以上时调整为20dpi。

（3）输出格式

同样，图像的输出格式也和终端呈现形式有着密不可分的关系。最常见的就是JPEG格式，这种格式的优点就是体积小，应用广泛；如印刷就需要TIF格式，这类格式的图片保存有完整的原始数据，但缺点是占用内存较大，不易传播。如果在网络或者电子设备时一般选择无损的PNG格式。

P **本章思考题**

1. 熟悉纸模型制作的程序和加工方法。
2. 了解不同材质的模型主体是如何制作的。
3. 了解不同地形的制作方法。
4. 模型拍摄有哪些基本要求？

第五章

数制时代的建筑模型制作

» **章节导读**：数制技术引入建筑模型制作，有着诸多方面的特殊优势。激光切割和 3D 打印技术，作为重要的数字加工手段，兼具较强的易用性，因而在制作建筑模型的过程中被广泛推荐和应用，带来了强有力的技术优势。

» **关 键 词**：数制工艺、3D 打印、激光切割

» **重 要 性**：★★★★☆

第一节　数制模型制作的必要性和重要性

现代建筑设计中，先进的数字技术和参数化设计趋向日益突出，建筑形态结构的复杂性与造型的多元化在不断拓展形式的边界。面对极度复杂而又精细的建筑形态，传统的手工模型制作方法时常显出无力感。现代建筑设计的复杂性对模型制作提出了更高维度的要求，即在传统纯粹手工制作技艺的基础上，运用新的途径和技术，采取新的策略和工艺（图5-1、图5-2）。

需要注意的是，数制模型制作技术与传统的常规模型制作技术是互补关系，都是重要的模型

制作工艺，各有优势，也存在短板。建筑设计过程中，既要掌握常规建筑模型制作技术，又要不断尝试先进数制模型制作技术，熟练地在设计过程中选择适合的模型制作工艺对设计方案进行探究、分析和展示。

数制模型制作的优势：

1. 更广泛的造型自由度

数制模型的制作有赖于CNC（数控机床）设备的支持，CNC设备拥有多轴精密的机械结构和

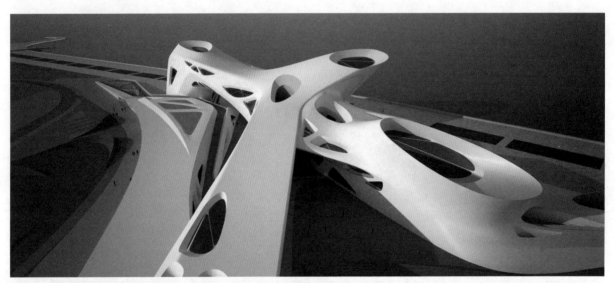

图5-1　复杂形态的建筑设计方案 1

图5-2　复杂形态的建筑设计方案 2

智能化的控制算法，能够按照精准的加工路径进行多轴向的加工操作，直接产生三维实体形态，造型的自由度超越了手工技能的限制。

2. 数据驱动，可快速修改与复制

数据是数制模型制作的前提和核心，无论是多轴数控铣床（图5-3）、激光切割机（图5-4）、还是3D打印机（图5-5），都是由数据驱动。使用同样一套数据，便可根据需要生成若干个完全相同的复制品。只要修改数据，便可以改变最终模型的形态，且这个过程是快速的、可控的。

3. 较高的自动化和智能化程度

CNC设备诞生之初的一个重要目标就是取代人力，减少人对于加工过程的参与。越来越多的CNC设备可进行极高水平的智能化操作和自动化加工，重视使用者的人性化体验。通常只需要简单几步，甚至是一键式操作，便可开始工作。对模型制作者而言，运用CNC设备进行建筑模型制作时，对个人手工技艺的熟练度要求基本可以忽略，设备操作简单而又便捷。

4. 尺寸精确，严谨规范

CNC设备的精度，保证了模型制作的精致程度和呈现效果，尤其对接缝等细节的处理，能实现手工制作无法达到的精细度。

5. 加工效率高

CNC设备内部通常安装有各种高速电动机和可编程电动机，可实现部件的快速移动，核心加工单元往往采用高规格的刀具、高能发射器、打印头等，其加工效率远超手工工艺。

图5-3　多轴数控铣床

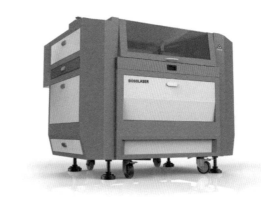

图5-4　激光切割机

图5-5　3D打印机

ℝ 学习要点

数制模型

　　"工欲善其事，必先利其器"，应该打破学科背景的局限，积极拥抱数字化的建筑模型制作工艺，其与传统模型制作工艺相比，有着不可替代的优势。造型更自由，数据更精确，制作更高效，操作更简便。数字化模型制作工艺为建筑模型的制作带来了新的路径和思路。同时，基于数字化模型制作工艺，新的设计语言和形式也将形成。

第二节　软件工具和数制工艺

一、数据及其获取

　　数制模型的核心是数据，使用CNC设备前，重要的工作是获得相应的2D图形数据或3D模型数据。再将图形或模型数据转译为加工文件并生成加工代码（通常是G-code），才能精准控制CNC设备按照既定的尺寸和形状进行加工。加工前的数据获取方式主要有两种：三维扫描和软件建模。

1. 三维扫描

　　三维扫描是运用三维扫描仪收集真实世界中物体和环境的形态数据，并将其转化为三维数据模型的一个过程。利用三维扫描技术，可以准确高效地收集现有建筑物和环境的三维数据，进而助力于制作实体模型（图5-6至图5-8）。

　　三维扫描仪的工作原理基于多种技术，每种技术也各有其优势和局限。根据信息获取方式的不

图5-7　三维扫描得到的数据模型

图5-6　真实环境中的建筑物

图5-8　3D打印实物模型

图5-9 手持式三维扫描仪

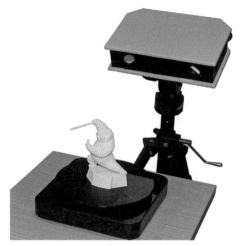

图5-10 结构光或编码光三维照相机

同，三维扫描仪可分为接触式和非接触式两种。接触式不受物体表面反射情况的影响，测量精度高，如三坐标测量仪；非接触式对被测物体材质没有限制，扫描速度快，如三维激光扫描仪、结构光或编码光三维照相机、计算机断层分析仪CT、核磁共振仪MRI、航测等。其中用于快速获取物体表面形状参数的常用设备是三维激光扫描仪、结构光或编码光三维照相机（图5-9、图5-10）。

2. 软件建模

设计是从无到有的创造过程，是新形式和新概念诞生的过程。更多的时候，需要设计人员自己借助2D或3D设计软件，进行图形的绘制和模型的构建，进而将得到的图形或模型数据转化为驱动CNC设备运行的加工代码。常用的建筑类设计软件见表5-1。

表5-1 常用的建筑类设计软件

软件工具	图标	简介	对接 CNC 设备的文件格式
Auto CAD	**A AUTOCAD**	1. 生成二维图形文件 2. 尺寸精度准确，绘制矢量图形和路径	*.dxf
Adobe Illustrator	Ai	1. 生成二维图形文件 2. 尺寸精度准确，绘制矢量图形和路径	*.ai/*.dxf
CorelDRAW			
Rhino	Rhinoceros	构建或生成三维模型文件	*.stl
Grasshopper			

续表

软件工具	图标	简介	对接 CNC 设备的文件格式
3ds Max	**3**	构建三维模型文件	*.stl
Google Sketchup	SketchUp		

二、常用CNC模型制作设备及工艺（表5-2）

表5-2　　　　　　　　　　　　　常见CNC模型制作设备及工艺

工艺	常用设备类型	工作原理	加工材料
激光雕刻	激光切割机	借助数控技术，以激光为加工媒介。加工材料在激光照射下瞬间熔化和气化，实现对材料的切割和雕刻目的	奥松板，亚克力板，PVC，金属板，木材，布料
数控铣削	CNC 数控铣床	一般的数控机床可以在三个轴进行平移，而多轴加工可以在一个轴或是多个轴上旋转。通过多轴系统调整刀具和工件的相对位置，来实现对复杂形态工件的加工	木材、金属
3D 打印	熔融沉积成型（FDM）3D 打印机	缠绕在卷轴上的热塑丝或金属线逐渐展开并输送向挤压喷嘴。挤压喷嘴将其加热输出。挤出后冷却固化成型。通常情况下使用步进电机横纵移动挤压喷头并调控材料输出	PLA，ABS，TPU，PVA 等
	选择性激光烧结成型（SLS）3D 打印机	在颗粒床上对材料进行选择性融合。首先，先融合部分材料，将其放入工作区，加入另一层颗粒材料，重复上一个过程，直到一个完成的部件被生产出来。这一过程使用未融合的材料作为介质来支撑悬挂的或材质较薄的膏体，减少了生产过程中临时辅助支撑材料的使用	石膏粉末、金属粉末等
	光固化成型（SLA）3D 打印机	光固化技术，要求将液态光敏树脂置于安全灯的可控光照射下，暴露在特种光下的液体聚合物的表层渐渐固化，此时将已经固化的模板向下移动，再次将液态光敏树脂暴露在灯光下，再次固化。如此重复直到整个模型成型	光敏树脂
	数字光处理成型（DLP）3D 打印机	DLP 技术将 3D 数字模型水平分割成片状，每片都会被转化成二维掩码图像，将掩码图像嵌向光固化树脂的平面，打上灯光，就能把树脂固化成每片的形状，逐层累加后得到完整模型	光敏树脂

📖 学习要点

数字加工软件与设备

1. 明确模型数据的来源，包括三维扫描与软件建模。学生需根据自身专业和课程特点，选择适当的三维建模软件，设计并输出对应的数据文件格式，以更好地适配于相应的加工设备。

2. 掌握目前较为普及的数控加工设备，如激光切割机、数控铣床、三维打印机等的基本工作原理，熟悉不同类型数控设备所能加工的材料类型。

第三节　数制模型制作实例

一、建筑单体模型的三维打印（图5-11至图5-22）

3D 打印机设备
操作

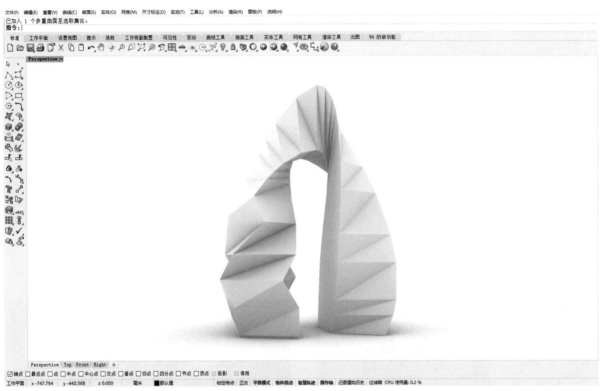

图5-11　过程1.利用Rhino软件进行建筑形态建模，获取初始数据，并将其导出为＊.stl格式文件

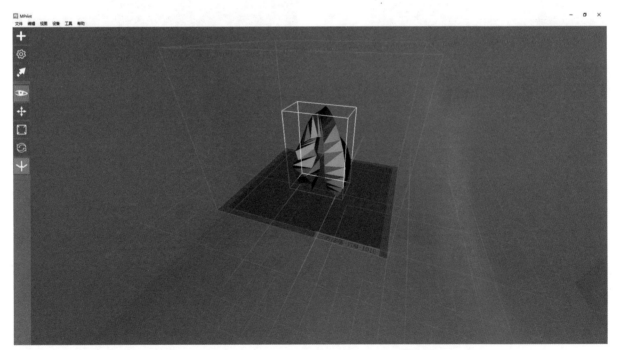

图5-12　过程2.将＊.stl格式文件导入切片软件，调整模型尺寸、比例与位置，并设置底垫及支撑

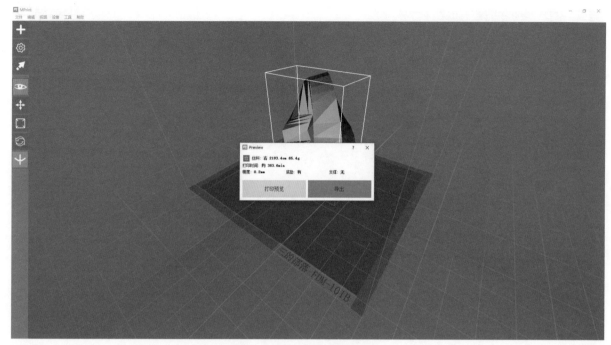

图5-13 过程3.利用切片软件导出加工代码（G-code），存储于SD卡中

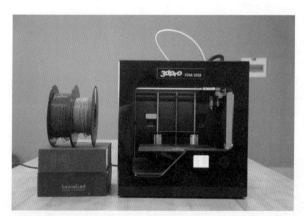

图5-14 过程4.备料，备机，检查设备状态

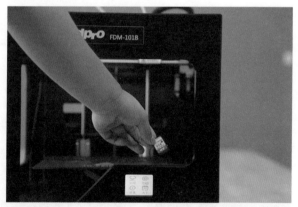

图5-15 过程5.将SD卡中的加工文件导入3D打印机

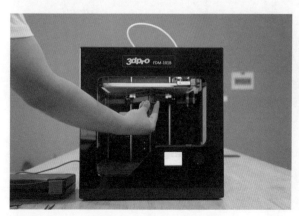

图5-16 过程6.打印平台调平

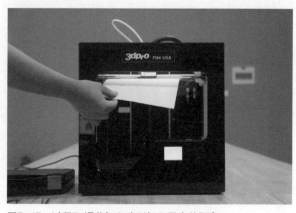

图5-17 过程7.调节打印头到打印平台的距离

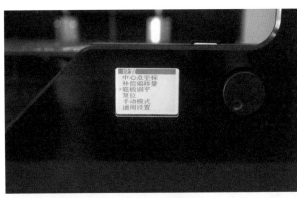
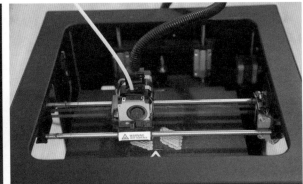

图5-18 过程8.选择打印文件，开始打印

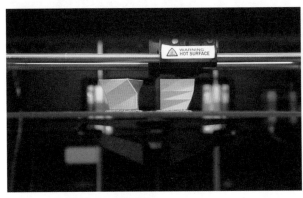

图5-19 过程9.打印过程中监管

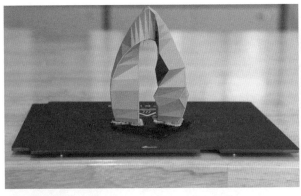

图5-20 过程10.打印机关机，复位，取出完整模型

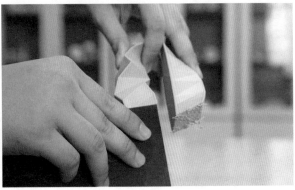

图5-21 过程11.模型后处理，对其进行修剪、打磨

图5-22 过程12. 模型制作完成

二、激光切割模型制作（图5-23至图5-32）

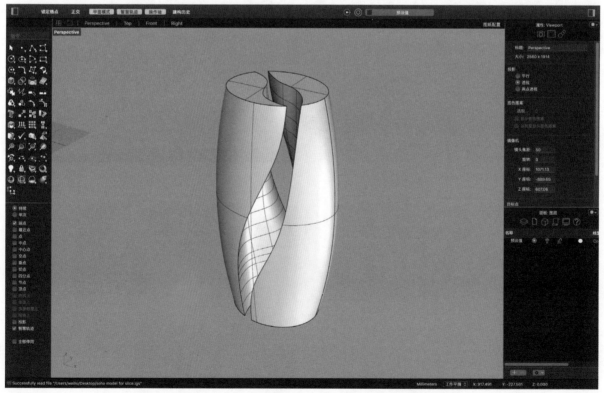

图5-23 过程1.利用Rhino软件进行建筑形态建模，获取初始模型数据，并将其导出为*.stl格式文件

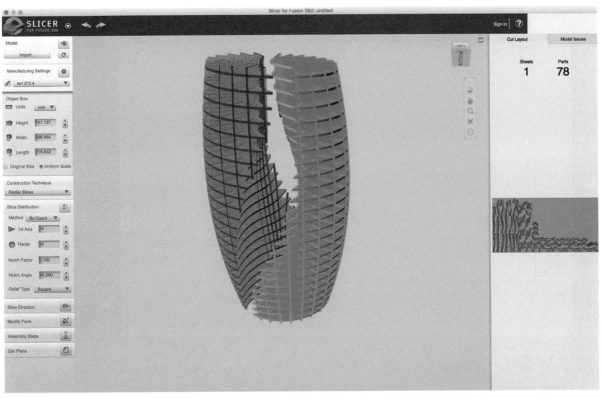

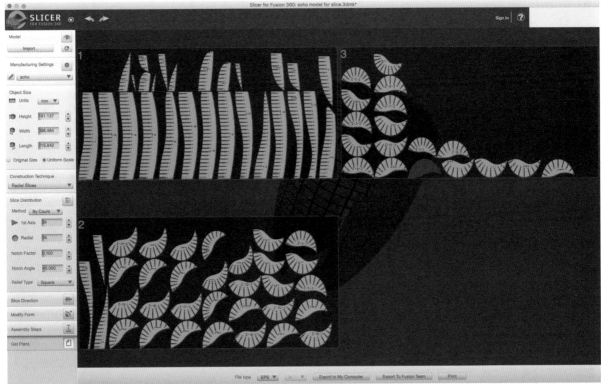

图5-24 过程2.将得到的*.stl格式文件导入Fusion360软件，运用其内置的slicer插件对模型进行切片处理，设置相应参数，生成并导出*.eps格式图形文件

图5-25　过程3.运用Adobe Illustrator软件打开*.eps格式文件，重新进行排版后，导出用于激光加工的*.ai格式文件

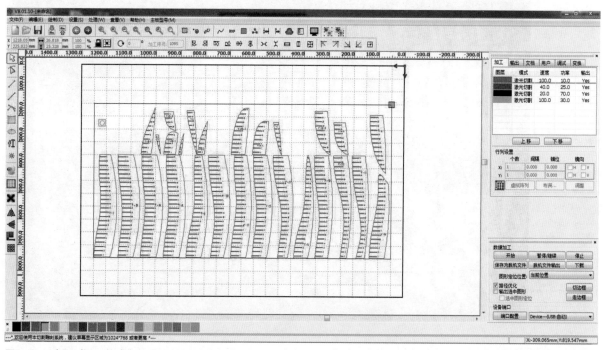

图5-26　过程4.将*.ai格式文件导入激光切割机配套的加工软件中，依据加工板材的种类与厚度，对加工类型、功率等相关参数进行设置，完成后将加工文件发送至激光切割机

图5-27　过程5.定位激光头起始点，调整激光头焦距，选择加工文件，开始加工

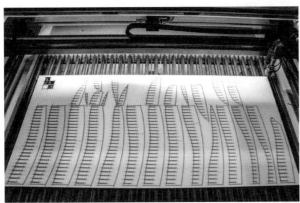
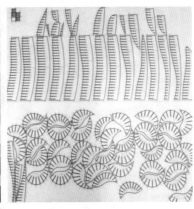

图5-28　过程6.加工完成后，取出加工得到的形状板材。将设备复位、关机并断电

图5-29　过程7.对加工后得到的各片板材进行打磨与修整，去除边缘毛刺，方便后续插接

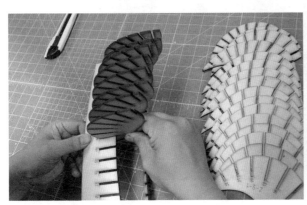

图5-30　过程8.依照顺序插接各片，组装得到目标形态

图5-31 过程9. 最终模型效果

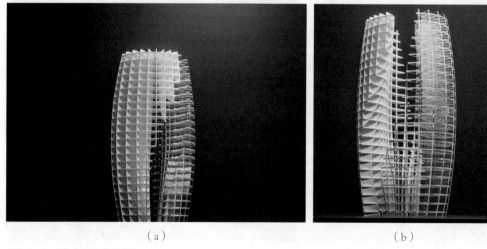

（a）   （b）

图5-32 亚克力制作的效果展示

三、机械雕刻机模型图纸的绘制与雕刻

下面以嘉宝（GRAVOGRAPH）雕刻平台为例，图解图纸的绘制与雕刻过程（图5-33至图5-56）。

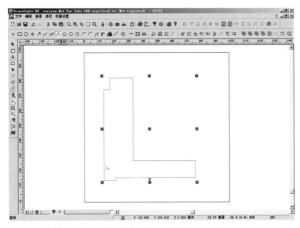

图5-33　按图纸尺寸用直线工具画出所要图形

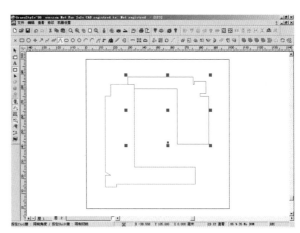

图5-34　按图纸尺寸用直线工具画出另一图形

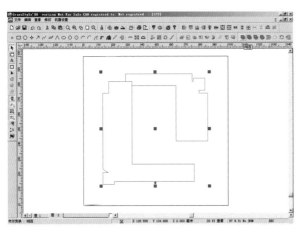

图5-35　用选择工具选中全部图形

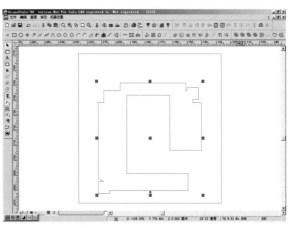

图5-36　点击连接工具

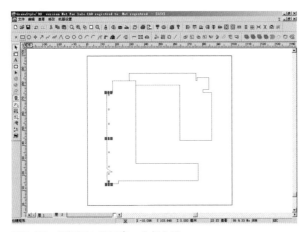

图5-37　用矩形工具画出一小长方形

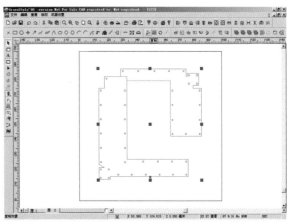

图5-38　移至图纸要求的位置后点击复制工具

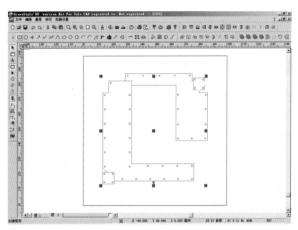

图5-39 用矩形工具画两个小方形至图纸要求的位置

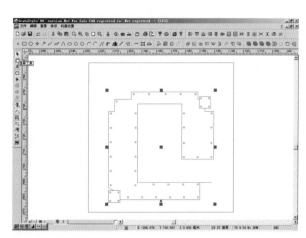

图5-40 获得新图形

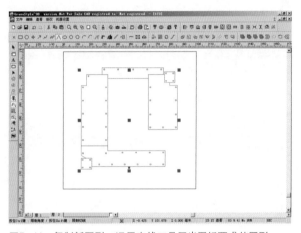

图5-41 复制新图形，运用直线工具画出图纸要求的图形

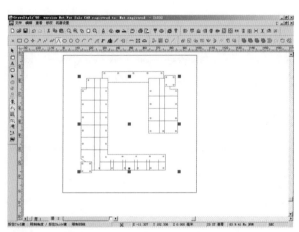

图5-42 用直线工具画出所要图形

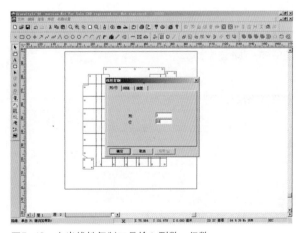

图5-43 点出线性复制工具输入列数、行数

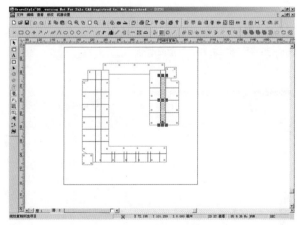

图5-44 用矩形工具画出小方形并移至图纸要求的位置

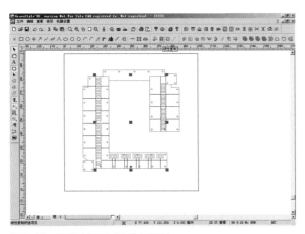

图5-45　用移动复制工具进行复制

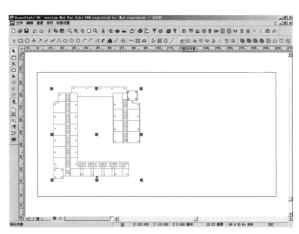

图5-46　点击选择工具选择图形

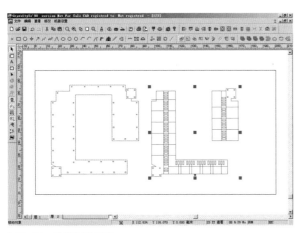

图5-47　移出新的图形

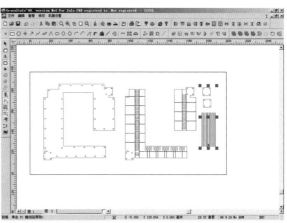

图5-48　重新排列图形

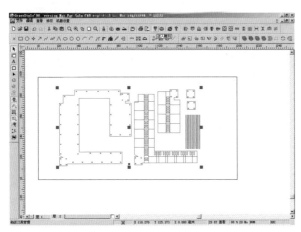

图5-49　把做好的图形排列到材料大小范围内

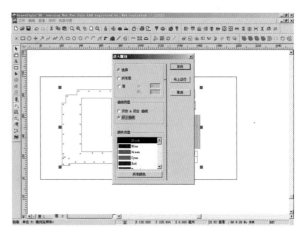

图5-50　全部选择并按住Ctrl键点击工具栏中的进入雕刻

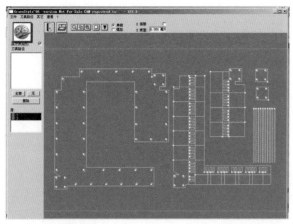

图5-51　点出雕刻窗口

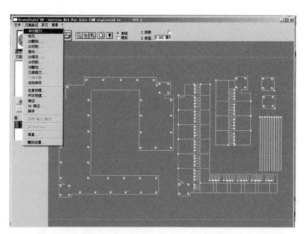

图5-52　点击刀具路径

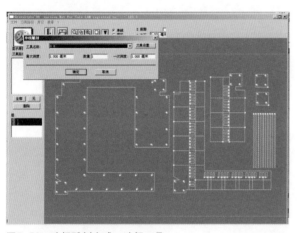

图5-53　选择雕刻方式、选择刀具

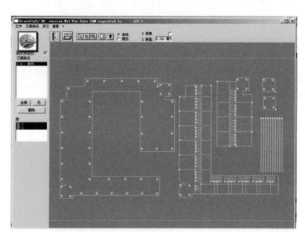

图5-54　道具路径轮廓

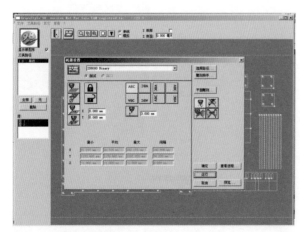

图5-55　进入机器设置

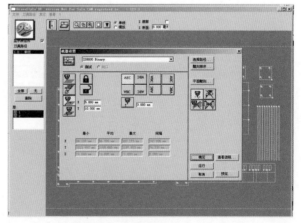

图5-56　输入雕刻位置、确定运行

四、模型雕刻组装实例

以上文中部分CNC加工所得ABS零件进行组装为例（图5-57至图5-65）。

图5-57 过程一

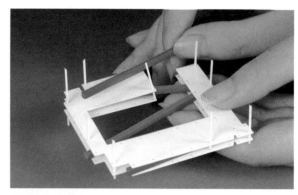

图5-58 过程二

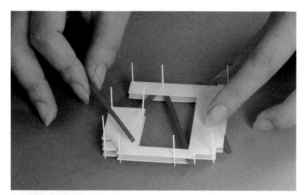

图5-59 过程三

图5-60 过程四

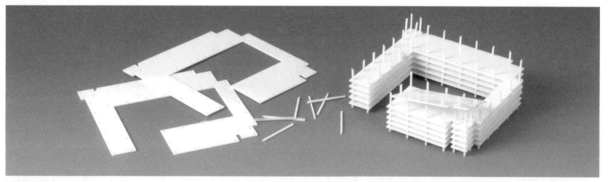

图5-61 过程五

图5-62 CNC加工所得建筑模型配件1

图5-63　CNC加工所得建筑模型配件2

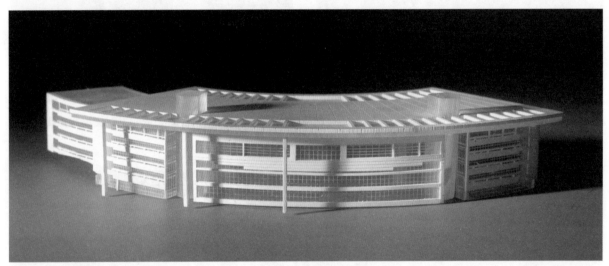

图5-64　建筑模型单体制作完成1

图5-65　建筑模型单体制作完成2

🅡 学习要点

3D打印机与激光雕刻设备的操作

1. 了解常规FDM三维打印机的基本加工操作流程和成型特点，进一步加深对该类设备加工原理的理解。明白通过三维打印的方式可以实现何种形态，建筑模型中可以如何利用该项工艺。使用中需特别注意打印机调平、支撑构建等问题。

2. 了解激光切割机的基本加工操作流程和工艺特点，加深对激光切割机加工原理的理解，使用中需特别注意的是输出的文件格式要正确，激光头焦距的调整要准确。由于设备型号不同，各类板材的加工参数应咨询实验室负责老师确认。

🅟 本章思考题

结合某一建筑形态特征，综合运用激光切割工艺和3D打印技术，自行设计并制作一个建筑模型，并在过程中深入体会数制模型制作工艺的优势及特点。

第六章

建筑模型鉴赏

一、墨菲西斯（Morphosis）

Morphosis成立于1972年，由创始人Thom Mayne担任设计总监，该公司目前由50多名专业人士组成。在全球范围内，其工作范围从住宅、民用建筑到大型城市规划项目广有涉猎。Morphosis一词源于希腊语，意为"形成"。Morphosis进行的是一种动态的、不断发展的实践，它是对现代生活中不断变化和进步的社会、文化、政治和技术条件做出的反应（图6-1至图6-21）。

图6-1 墨菲西斯-Beirut Embassy Campus-3D打印表现模型1

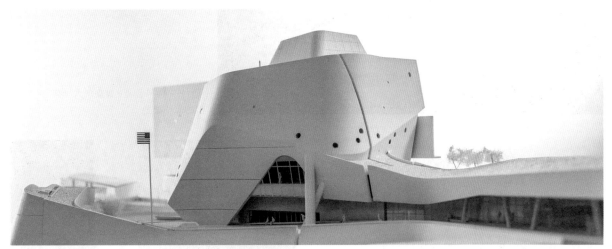

图6-2 墨菲西斯-Beirut Embassy Campus-3D打印表现模型2

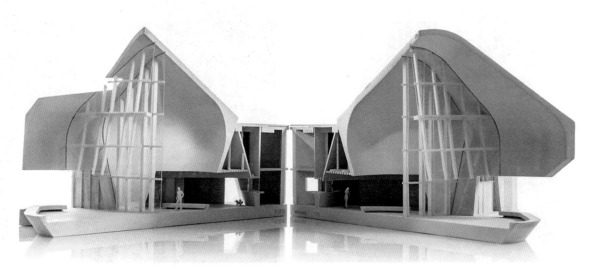

图6-3 墨菲西斯-Beirut Embassy Campus-3D打印内视模型

图6-4　墨菲西斯-康奈尔大学盖茨楼-3D
打印内视模型

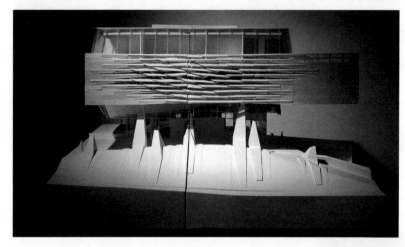

图6-5　墨菲西斯-康奈尔大学盖茨楼-3D
打印表现模型

图6-6　墨菲西斯-卡萨布兰卡金融城-3D打印表现模型1

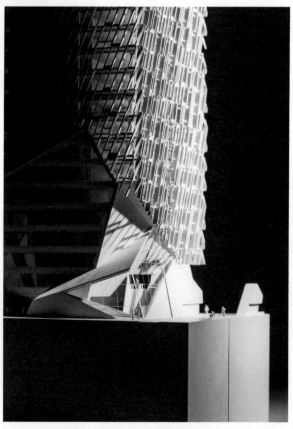

图6-7　墨菲西斯-卡萨布兰卡金融城-3D打印表现模型2

图6-8　墨菲西斯-Yuzen老爷车博物馆-3D打印表现模型1

图6-9　墨菲西斯-Yuzen老爷车博物馆-3D打印表现模型2

图6-10　墨菲西斯-高雄海事文化和流行音乐中心-3D打印表现模型1

图6-11　墨菲西斯-高雄海事文化和流行音乐中心-3D打印表现模型2

图6-12 墨菲西斯-佩罗自然科学博物馆模型-配景表现

图6-13 墨菲筑西斯-佩罗自然科学博物馆模型-3D打印表现模型

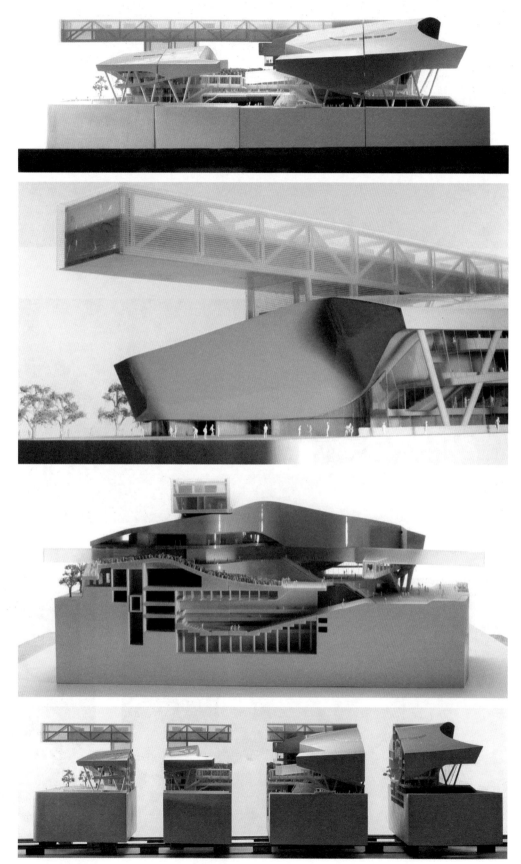

图6-14　墨菲西斯-台北表演艺术中心-3D打印表现模型

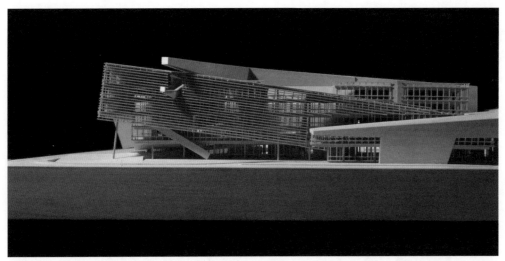

图6-15 墨菲西斯-Hypo Alpe-Adria中心-实木表现模型1

图6-16 墨菲西斯-Hypo Alpe-Adria中心-实木表现模型2

图6-17 墨菲西斯-Eli and Edythe Broad Art Museum-3D打印表现模型1

图6-18 墨菲西斯-Eli and Edythe Broad Art Museum-3D打印表现模型2

图6-19　墨菲西斯-Eli and Edythe Broad Art Museum-3D打印内视模型

图6-20　墨菲西斯-奥兰治艺术博物馆-3D打印表现模型

图6-21　墨菲西斯-奥兰治艺术博物馆-3D打印内视模型

二、伦佐·皮亚诺

　　伦佐·皮亚诺（Renzo Piano），意大利当代著名建筑师，1998年第二十届普利兹克奖得主。皮亚诺注重建筑艺术、技术以及建筑与周围环境的结合，其建筑思想严谨而抒情，具有活跃的散点式思维。作品广泛体现着各种技术、材料和思维方式的碰撞（图6-22至图6-28）。

图6-22　伦佐·皮亚诺-特伦托Muse科学博物馆和Le Albere区-综合材料表现模型1

图6-23　伦佐·皮亚诺-特伦托Muse科学博物馆和Le Albere区-综合材料表现模型2

图6-24　伦佐·皮亚诺-朗香门楼和修道院-纸质概念模型

图6-25　伦佐·皮亚诺-朗香门楼和修道院-纸质表现模型1

图6-26 伦佐·皮亚诺-朗香门楼和修道院-纸质表现模型2

图6-27 伦佐·皮亚诺-瑞士Zentrum Paul Klee美术馆-木质概念模型

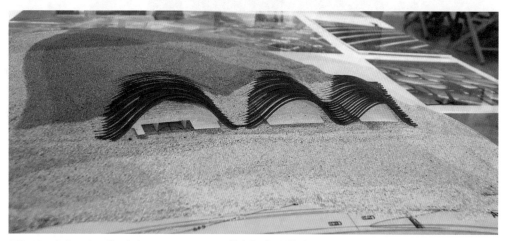

图6-28 伦佐·皮亚诺-瑞士Zentrum Paul Klee美术馆-概念模型

三、彼得·艾森曼

彼得·艾森曼（Peter Eisenman），美国建筑师。因其碎片式建筑语汇而同各式建筑师一起被打上解构主义的标签。其建筑学的理论追求解放及自律性，并与欧洲知识分子有着牢固的文化关系（图6-29至图6-42）。

图6-29 彼得·艾森曼-Alteka办公楼-表现模型

图6-30 彼得·艾森曼-HOUSEX-表现模型

图6-31 彼得·艾森曼-HOUSEX-设计过程模型

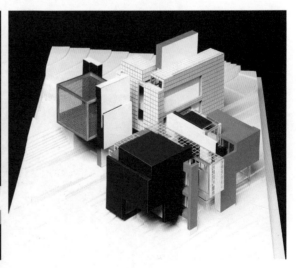

图6-33　彼得·艾森曼–法兰克福大学生物研究中心–表现模型2

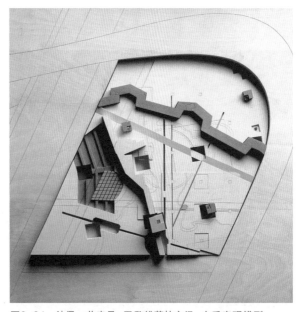

图6-32　彼得·艾森曼–法兰克福大学生物研究中心–表现模型1

图6-34　彼得·艾森曼–巴黎维莱特广场–木质表现模型

图6-35　彼得·艾森曼–卡内基·梅隆研究院–表现模型1

图6-36　彼得·艾森曼–卡内基·梅隆研究院–表现模型2

图6-37　彼得·艾森曼-卡内基·梅隆研究院-概念模型

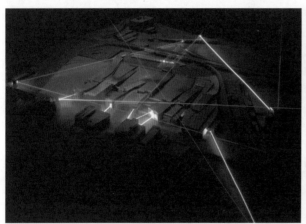 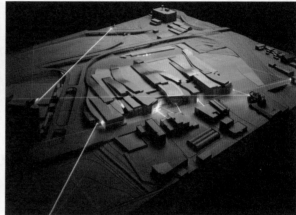

图6-38　彼得·艾森曼-哥伦布会议中心-灯光表现模型

图6-39　彼得·艾森曼-哥伦布会议中心-表现模型

图6-40 彼得·艾森曼-德国柏林 莱茵哈特大厦-表现模型1

图6-41 彼得·艾森曼-德国柏林 莱茵哈特大厦-表现模型2

图6-42 彼得·艾森曼-木质表现模型

四、弗兰克·盖里

弗兰克·盖里（Frank Owen Gehry），当代著名解构主义建筑师，以设计具有奇特不规则曲线造型与雕塑般外观的建筑而著称。其设计风格源自于晚期现代主义，其最著名的建筑设计是位于西班牙毕尔巴鄂，有着钛金属屋顶的古根海姆美术馆（Museo Guggenheim Bilbao）（图6-43至图6-47）。

图6-43 弗兰克·盖里–西班牙毕尔巴鄂古根海姆博物馆–设计模型–金属、木材

图6-44 弗兰克·盖里–西班牙毕尔巴鄂古根海姆博物馆（俯视）–金属、木材

图6-45　弗兰克·盖里-奥林匹克综合别墅
西班牙巴塞罗马-金属、综合材料表现模型

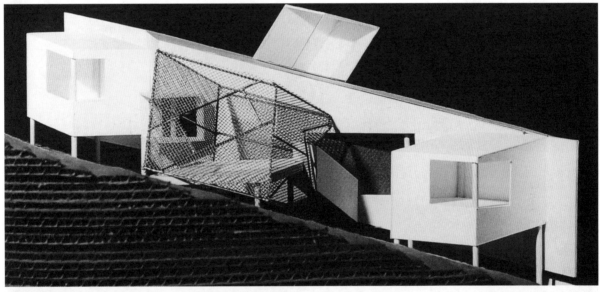

图6-46　弗兰克·盖里-瓦格纳住宅 美国加利福尼亚-表现模型

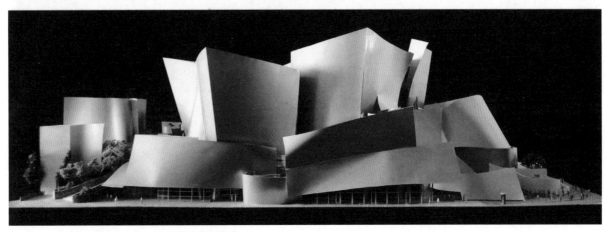

图6-47　弗兰克·盖里-金属、综合材料表现模型

五、其他建筑设计方案模型（图6-48至图6-72）

图6-48　建筑表现模型-阳光板、综合材料

图6-49　库哈斯工作模型-木材

雷姆·库哈斯（Rem Koolhass）——荷兰建筑师，OMA的首席设计师，哈佛大学设计研究所的建筑与城市规划学教授。参与项目包括法国里尔市总体规划、美国洛杉矶环球影城规划、中央电视台新楼方案等。其设计作品曾获得多种奖项，其中包括全球建筑界的最高奖——普利兹克奖。

图6-50　建筑工作模型-木材、综合材料

图6-51 建筑表现模型-亚克力、综合材料

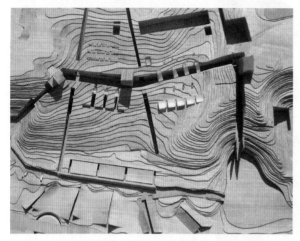

图6-52 建筑表现模型-亚克力、实木板

图6-53 彼得·布朗建筑表现模型1-金属、塑料

图6-54 彼得·布朗建筑表现模型2-金属、塑料

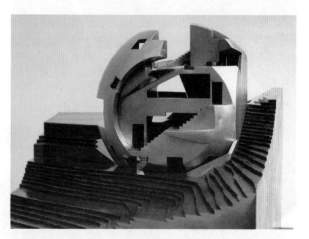

图6-55 艾瑞克·欧文·莫斯-阿罗诺夫住宅表现模型-石膏、金属

艾瑞克·欧文·莫斯（Eric Owen Moss），生于1943年，毕业于美国加利福尼亚大学伯克利分校和哈佛大学建筑学院，任教于南加州建筑学院，并且于1976年设立自己的建筑设计事务所。他是解构主义建筑师，是南加州建筑学派代表人物之一。他的作品同时具有粗犷和精致典雅的特征，因此他的设计被菲利普·约翰逊形容为"垃圾中的珠宝"。

图6-57　建筑表现模型-巴黎蓬皮杜艺术中心-有机塑料、综合材料

图6-56　建筑表现模型-金属、综合材料

图6-58　艾瑞克·欧文·莫斯-阿罗诺夫住宅-石膏、综合材料

图6-59　建筑表现模型-塑料

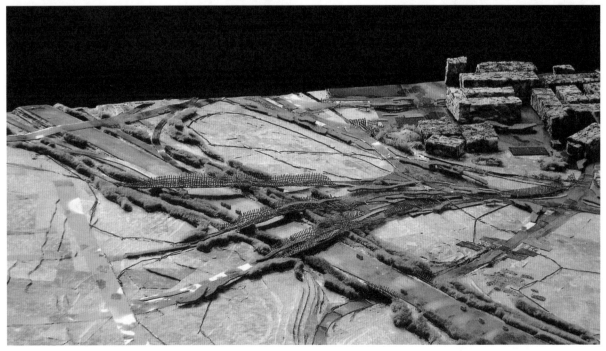

图6-60　环境规划模型-有机纤维

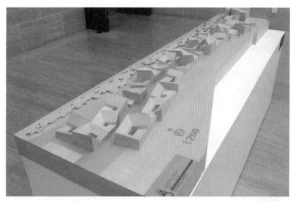

图6-61 建筑设计模型1-木材

图6-62 建筑设计模型2-木材

图6-63 建筑设计模型3-木材

图6-64 建筑规划模型-纸、塑料

图6-65 建筑设计模型1-木材、塑料

图6-66 建筑设计模型2-木材、塑料

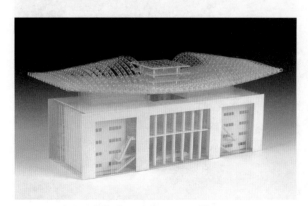

图6-67 建筑设计模型-亚克力、ABS塑料

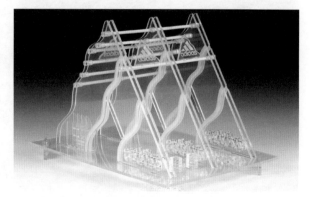

图6-68 建筑设计模型-亚克力

图6-69　建筑规划模型-塑料、木材、综合材料

图6-70　建筑景观模型-木材、塑料

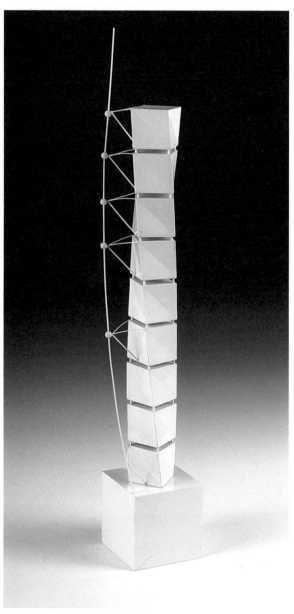

图6-71　建筑概念模型-ABS塑料、亚克力

图6-72　建筑表现模型-亚克力

参考文献

REFERENCE DOCUMENTS

[1] Eisenman P., Eisenman Architects: Selected and Current Works, Victoria, The Images Publishing Group Pty Ltd, 1995.

[2] Werner M., Model making, New York, Princeton Architectural Press, 2011.

[3][德]沃尔夫冈·科诺, 马丁·黑辛格尔. 建筑模型制作 [M]. 刘华岳, 译. 大连: 大连理工大学出版社, 2003.

[4][美]克里斯·B·米尔斯. 建筑模型设计制作 [M]. 尹春生, 译. 北京: 机械工业出版社, 2004.

[5][英]汤姆·波特. 超级模型 [M]. 段炼, 蒋方, 译. 北京: 中国建筑工业出版社, 2002.

[6][日]远藤义则. 国际环境设计精品教程: 建筑模型制作 [M]. 朱波, 等译. 北京: 中国青年出版社, 2013.

[7][英]尼克·邓恩. 建筑模型制作[M]. 费腾, 译. 北京: 中国建筑工业出版社, 2018.

[8] 史习平, 马赛. 设计表达 [M]. 哈尔滨: 黑龙江科学技术出版社, 1996.

[9] 范凯熹. 建筑与环境设计制作 [M]. 广州: 广东科技出版社, 1996.

[10] 严翠珍. 建筑模型 [M]. 哈尔滨: 黑龙江科学技术出版社, 1999.

[11][日]清水吉治. 模型与原型 [M]. 古印出版社, 1991.

[12] 吴昊, 编译. 建筑模型 [M]. 太原: 山西人民美术出版社, 1990.

[13] 韩青昊, 等. 现代建筑画选 (十): 建筑模型 [M]. 天津: 天津科学技术出版社, 1992.